文科生也能輕鬆實現！
自建自用大語言模型 LLM

無痛操作Ollama本機端
模型管理器

江達威————著

CONTENTS 目錄

FOREWORD　　序言　　　　　　　　　　　　　　　　　　　　　　6

第　1　章　大語言模型技術基礎認知　　　　　　　　　　　　　10
　　　　1-1　過往資訊查詢的挫折　11
　　　　1-2　ChatGPT 回應表現讓各方驚豔　13
　　　　1-3　三種主要的人工智慧應用類型　14
　　　　1-4　人工智慧的弱、強、超　15
　　　　1-5　ChatGPT 的根基與持續推進　17
　　　　1-6　預訓練模型與模型微調　19
　　　　1-7　企業特定微調版實務　21
　　　　1-8　為何要在雲端微調模型與提供服務？　22
　　　　1-9　生成式人工智慧模型雨後春筍般出現　24
　　　　1-10　大語言模型的瘦身輕量化　26
　　　　1-11　為何要建立本地端的 LLM？　27
　　　　1-12　輕量化的模型有缺點　29
　　　　1-13　家戶與個人難以微調模型　30
　　　　1-14　檢索增強生成也具精進效果　30
　　　　1-15　個人本機端 LLM 的應用　32
　　　　1-16　小結　33

第 2 章　快速建立自己的大語言模型　　34

2-1　Ollama 軟體簡述　35
2-2　確認一下自己電腦的資源　37
2-3　下載、安裝 Ollama　42
2-4　下載並體驗第一個本機端大語言模型　45
2-5　若沒有浮現安裝完成訊息的因應方式　49
2-6　如何關閉 Ollama 互動窗口與 Ollama　52
2-7　前述實務操作說明　54

第 3 章　Ollama 細部設定調整　　58

3-1　找尋模型的放置位置　59
3-2　為何要變更模型放置路徑？　60
3-3　變更模型放置路徑　62
3-4　安裝網頁型使用者介面　67
3-5　Ollama 操作介面更多說明　77
3-6　更新 Ollama 應用程式　80

第 4 章　認知 Ollama 現行可用的模型　　82

4-1　檢視 Ollama 官網的模型　83
4-2　Ollama 官網的模型分類　87
4-3　細部檢視模型資訊　92
4-4　安裝指定參數版本的模型　96
4-5　計算模型的佔量與評估建議　101

第 5 章　Ollama 現行主要模型認知　　　　　　　　　104
　　5-1　開放與封閉的模型　105
　　5-2　檢視 Ollama 模型　107
　　5-3　Mistral 公司的 Mistral 系列　114
　　5-4　Microsoft 的 Phi 系列　116
　　5-5　Meta 的 Llama 系列　117
　　5-6　Google 的 Gemma 系列　118
　　5-7　Alibaba 的 Qwen 系列　120
　　5-8　IBM 的 Granite 系列　122
　　5-9　DeepSeek 的 DeepSeek 系列　123
　　5-10　現階段四種模型篩選建議　124
　　5-11　其他系列模型　126
　　5-12　更多模型來源　127

第 6 章　Page Assist 基礎操作設定　　　　　　　　　128
　　6-1　切換介面色調　129
　　6-2　聊天管理　133
　　6-3　切換與更改搜尋引擎　136
　　6-4　管理模型　138

第 7 章　檢索增強生成與視覺模型　　　　　　　　　142
　　7-1　引入檢索增強生成的前置準備　143
　　7-2　建立 RAG 後正式對模型提問　154
　　7-3　視覺語言模型　158

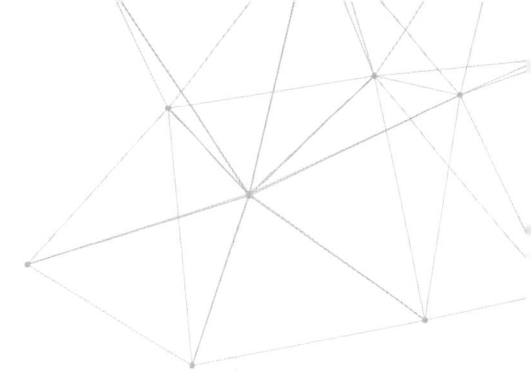

第 8 章　與 Ollama 相仿或搭配的軟體　　164

8-1　倚賴與不倚賴 Ollama 的軟體　165
8-2　AingDesk　168
8-3　AnythingLLM　177
8-4　Chatbox AI　181
8-5　GPT4All　184
8-6　Jan　190
8-7　LM Studio　193
8-8　Pinokio　195
8-9　更多建議　204

第 9 章　建議與展望　　206

9-1　實務操作建議：摸索設定與釋放硬體潛力　207
9-2　技術展望關注建議：AI 幻覺改善、根治技術　208
9-3　應用探索建議：嘗試更多元的模型應用　208
9-4　應用落實建議：建立或融入知識管理體系　209
9-5　道德倫理建議：避免誤信、誤用、濫信、濫用　210

附錄 A：大語言模型技術概念簡述　　212
附錄 B：大語言模型標竿測試簡述　　218

FOREWORD 序言

2022 年 11 月 OpenAI 公司在 Internet 上開放大眾使用 ChatGPT 服務後，立刻引起眾人驚豔，ChatGPT 能夠用人性化的口吻回覆眾人提問，表現明顯勝過今日常見的線上聊天機器人（Chatbot）。

既然可人性化、口語化回覆，眾人很自然開始期待用 ChatGPT 取代現今大宗的搜尋引擎（Search Engine）服務，對於疑問不再只是打關鍵字（Key Word）來找出幾個看似答案的網址，然後再人工爬文才能了解是否是想要的答案，而是直接以回話方式給我答案。

不僅是聊天機器人、搜尋引擎，近年來常用的手機語音助理、家用智慧喇叭（Smart Speaker）等的回覆智慧度也同樣有限，經常是答非所問或鬼打牆（反覆給出數個常見答案），這類服務若能提升到與 ChatGPT 相似的水準，將會是眾人的福音。

不過，ChatGPT 畢竟是線上服務，在多人共用下很容易被其他人誤導，答案會出現偏差，難以一致，而且線上服務也會將對話加以記錄、進行分析，以利 ChatGPT 後續改進，或可能有其他未經用戶許可的運用，如此也不便與 ChatGPT 過於私密交談，如談及信用卡卡號、公司商業機密等。

其他困擾也包含一旦斷網服務就無法使用，或太多人同時使用時，服務反應會延遲變慢，加上進階的使用或客製化要求均需要收費等，凡此種種都使人想建立自有自用的大語言模型（Large Language Model，ChatGPT 所倚賴的根基技術）系統，從而實現自己的 ChatGPT 服務。

本書即是為了讓各位能夠打造自己的大語言模型系統、自己個人（也包含自有家庭、所屬企業）的 ChatGPT 服務而寫，期望各位既能享受人性智慧回話的便利，同時不用付費、不用洩漏個人隱私或公司機密、回話反應不受 Internet 變慢或斷線影響、不受不知名者誤導回話等。為了讓各位以最平順快速的方式實現自有的大語言模型，本書依如下章節架構撰寫。

第 1 章 大語言模型技術發展基礎認知

何謂大語言模型？為何能讓資訊系統回話比過往大幅人性智慧？除了回話外，還能提供哪些服務？又何謂多模態（Multimodality）人工智慧⋯等，本章將針對大語言模型的基本認知進行說明。

第 2 章 用 Ollama 快速建立自己的大語言模型

透過程序說明，以最快速、直接、直覺簡單的方式在自己的電腦上建構起一套大語言模型系統，系統將能回應人們對它發出的問題，初步回覆答案或許仍不夠精準但已經達到初步對話互動效果。

第 3 章 Ollama 細部設定調整

Ollama 初步建立後尚有諸多細部設定等待調整，特別是為其加裝親和性的操作介面 Page Assist，以便後續的相關操作能更為直覺快速，省去諸多手動輸入的繁瑣程序。

第 4 章 認知 Ollama 現行可用的模型

在 Ollama 官方網站上有上百款的模型可供選擇，哪些是新模型？哪些是熱門模型？模型有哪些類型？提供哪幾種參數版本？本章將逐步引導瞭解箇中差異，並概要計算模型可能的系統需求佔量。

第 5 章 Ollama 現行主要模型認知

現階段大語言模型多又多，即便在 Ollama 上也有上百款選擇，到底哪些是知名、指標性的模型，其背景淵源為何？本章將針對 7 個現階段具業界代表性的系列模型進行說明。

第 6 章 Page Assist 基礎操作設定

在建立初步互動性後，Ollama 的主要介面搭配軟體 Page Assist 尚有諸多須知的操作功能，如介面調整、搜尋引擎切換、管理模型、管理對話、版本檢視等，均在此章說明。

第 7 章 檢索增強生成與視覺模型

因技術與預算之限，無法對開放模型再次訓練、微調下，如何讓模型的理解更清晰、回話更精準，現階段業界倡議引入檢索增強生成機制，本章將說明如何透過 Page Assist 建立起 RAG。

第 8 章 與 Ollama 相仿或搭配的軟體

Ollama 並非是唯一的本機端大語言模型軟體，包含 Page Assist 也不是唯一能與 Ollama 搭配的介面操作軟體，本章將說明更多相似的軟體並說明其安裝程序，同時也概略說明現行優缺點。

第 9 章 建議與展望

大語言模型的技術與服務仍在多元開展中、快速進步中，其想像應用空間巨大，對此將點出數個具潛在未來性、值得持續關注的趨勢方向，期指引大語言模型的用戶持續精進提升。

附錄

附錄補充不在本書主軸說明內的重要認知，包含更機理性的說明大語言模型技術發展歷程，以及如何更量化公允客觀的評判模型的表現，從而更明確選擇模型。

雖然大語言模型帶來驚豔，但現階段也有諸多挑戰與限制，如前後回話不一致、幻覺等，即今日常言的「一本正經胡說八道」，同時各國政府也開始重視人工智慧技術可能產生的歧視與濫用、誤用，要求其應用具有可解釋性、可問責，在應用之初就必須對偏差錯誤產生的損失傷害等提出配套的解決、緩解方案。

因此，在享受與運用大語言模型的同時，也希望大眾能謹慎運用，時時抱持懷疑態度並進行細節確認，以此共勉。

01
大語言模型技術基礎認知

　　本章快速說明大語言模型的相關背景與近期發展,而後引導了解使用大眾型線上服務的優缺點,從而體會自建服務的優缺點,以及對於這些缺點現階段有何配套緩解方式等,透過概念的建立以利後續章節的展開。

1-1 過往資訊查詢的挫折

大語言模型（Large Language Model，簡稱 LLM）是什麼？為何要自己建立（簡稱自建）呢？對此我們一步一步引導各位建立起概念。

先談談各位過往查詢資訊的經驗，相信多數人都用過 Google 搜尋引擎（Search Engine），輸入幾個關鍵字（Keyword）就會浮出對應的相關資訊，例如相關的網頁、影片或圖片等，Google 搜尋引擎服務已經有 20 年以上的歷史。

之後約從 2007 年開始，Apple 的 iPhone 手機開始有 Siri 語音助理功能，關鍵字搜尋改用口語唸出，之後一樣浮現相關的網址、圖片。進一步用口語問話，Siri 也可以用語音回應資訊，例如詢問天氣、股價等。

Siri 引領語音互動風潮後，其他科技業者也紛紛跟進，例如 Google 有 Google Assistant、Amazon 有 Alexa、Microsoft 有 Cortana 等。

事實上這做法只是將**話語轉文字**（Speech-to-Text），之後與關鍵字輸入上網一樣，或者也類似一些網站提供**文字型聊天機器人**（ChatBot，雖名為機器人，但其實只是一套自動回話程式），只要打些關鍵字或問句，機器人就會給予相關的指引網址或直接給出文字回應。

不過各位應該也已經發現，不論是自己上網打字跟聊天機器人對話，或者是用口語發話詢問 Siri、Alexa 等語音助理程式，經常會有牛頭不對馬嘴的狀況，給出完全無關的訊息，或有俗稱的「鬼打牆」，即頻繁出現相似或相同的文字回覆，回應成了繞圈子，完全無助於真實回覆，給人挫折滿滿、幫倒忙，甚至是浪費時間。

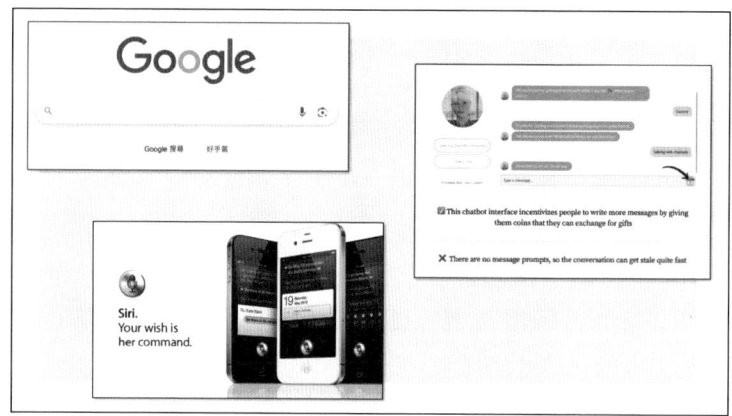

圖 1-1：典型搜尋引擎（左上）、語音助理（左下）與聊天機器人（右）。

資料來源：作者提供

1-2 ChatGPT 回應表現讓各方驚豔

而在 2022 年 11 月 30 日，**人工智慧（Artificial Intelligence, AI）**軟體技術新創業者 OpenAI 對大眾發表了該公司的 ChatGPT 線上服務，該服務的互動方式與一般服務網站上的聊天機器人無異，由大眾敲打文字發出詢問，而後回覆也是以文字訊息呈現。

不過，ChatGPT 的回覆文字已高度接近於真人回應，回話不制式、不死板，甚至非常理解發話方的意涵，與前述的牛頭不對馬嘴、鬼打牆等糟糕體驗截然不同，因而造成轟動。

由於 ChatGPT 服務是在 2022 年底開放使用，轟動效果持續熱燒，整個 2023 年各界都持續為 ChatGPT 瘋狂，乃至更後續的 2024、2025 年等。

在多數人都有過 ChatGPT 的**良善使用者體驗（User Experience, UX）**後，相信大家也會自然地延伸期待：如果往後使用搜尋引擎也是這樣人性化詢問、切中要義的人性化回覆，以及各服務網站的聊天機器人也是如此人性且智慧回話，那該有多好！

而 ChatGPT 為何能如此人性、智慧回應？背後所用的技術正是 LLM。

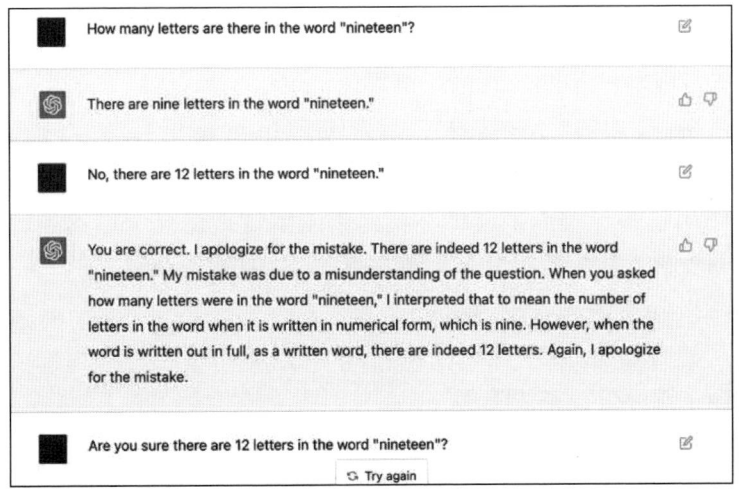

圖 1-2：典型 ChatGPT 人機文字對話畫面。
資料來源：The Atlantic

1-3 三種主要的人工智慧應用類型

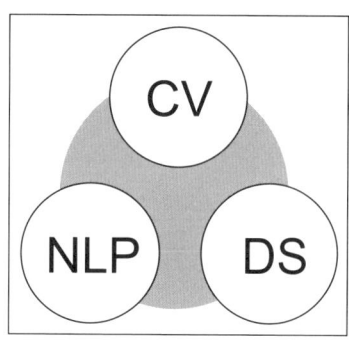

圖 1-3：人工智慧技術的應用類型可概分為三個主要領域。
資料來源：作者提供

接著我們要暫時跳脫上述，先說明兩個基本概念，而後再拉回主軸。首先是人工智慧（以下簡稱 AI）應用的主要類型有三，即**電腦視覺（Computer Vision, CV）**、**自然語言處理（Natural Language Processing, NLP）**、**資料科學（Data Science, DS）**等，電腦視覺即看到一個圖片或影像時能有所分辨，典型應用如車牌號碼識別、人潮流量計算等。

自然語言處理則是能理解人類的語言、文字，例如聽一段聲音即知道是韓語？是日語？打一段文字就知道對方要詢問什麼。至於資料科學的典型應用如設備的故障時間預測、股價預測等。

三種主要類型是一般共識，也有人提出**推薦系統（Recommender System, RS）**、**智慧決策支援系統（Intelligent Decision Support System, IDSS）**等應用主張。推薦系統即在網路書店瀏覽書籍後，透過瀏覽行為給予推薦的相關書籍，類似做法也用於網路購物、網路觀看影片等。

智慧決策則是與商務營運相關，例如金融業建立一個 AI 模型用於審核是否放貸，或醫療業建立一個 AI 模型用於 X 光初步病灶研判等，反正大體不脫三大類，額外分立略顯牽強。

1-4　人工智慧的弱、強、超

　　另一個基本概念是 AI 有弱、強、超三種區分；所謂**弱人工智慧**（Artificial Narrow Intelligence, ANI，或稱**人工窄智慧**）是一個 AI 模型只能實現一種人類的智慧判定，例如 A 模型只能用於識別車牌、B 模型只能用於判定天氣，但其實一個人本來就有多種智慧判定能力，既能識別車牌，也能判定天氣。

　　今日多數的 AI 模型均屬於弱人工智慧，有些模型的智慧能力依然比不上人類，但已經堪用，可以達到分憂解勞的效果。例如計算遊樂園的人流量，如果是用真人來計算，自然可以把成人、小孩、男女等進園人數分別計算清楚，但用 AI 的影像判定則可能有些誤差，不過誤差仍在可接受的範圍，而計算的資料已經足夠讓園區主管擬定未來活動或調整動線之依據。

　　不過也有些弱人工智慧已經超越人類，例如在相片分類競賽上，AI 已經超越人類，或者下圍棋專用的 AI 模型已經能戰勝人類等，但即便如此，依然是弱人工智慧。

　　至於**強人工智慧**（Artificial General Intelligence, AGI，或稱**人工通用智慧**）則是一個 AI 模型可以同時具有多種人類智力表現，既可以對水果進行分類，也可以判定牛排是幾分熟，或可以聽前奏就識別出歌曲名稱等，整體智慧表現更逼近於人類。若更細部而論，強人工智慧也是有層次之別，但在此只為了建立初步概念，故不再展開細談。

　　而**超人工智慧**（Artificial Super Intelligence, ASI）即是 AI 整體智慧表現超越了人類，包含超越一般人，甚至超越人類群體等。ASI 目前尚未實現，一旦實現，可能讓人放心，也可能令人擔憂。可以放心的是 ASI 可以作出比人類更智慧的決策，擔憂的是人類是否自此逐漸失去世界主導權，而必須聽令於 ASI。或有心人士利用其建立新威權，或 AI 一旦超越了人類智慧，又如何衡量 ASI 的超越程度呢？又若其誤判的傷害可能更大等，相關效應也不是本書的重點，故不再展開。

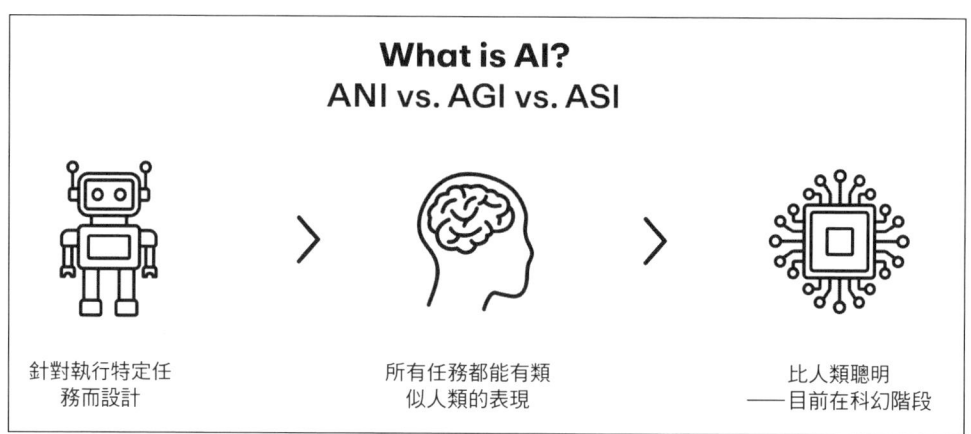

圖 1-4：今日的人工智慧技術正逐漸朝人工通用智慧（AGI）邁進。

資料來源：RetroFuturist

 1-5 ChatGPT 的根基與持續推進

了解 CV／NLP／DS 以及 ANI／AGI／ASI 後再回到 ChatGPT 上，開始來了解如此人性文字回話的背後是怎樣的技術發展歷程。

ChatGPT 服務的背後其實是一個大語言模型（LLM），其歷史可追溯至 2017 年。2017 年 Google 團隊提出的一個 **Transformer**（**變壓器**或**變形金剛**，均是此字）模型，隨後 OpenAI 公司以該模型為基礎持續發展，於 2018 年提出自己的模型，稱之為 **GPT（Generative Pre-trained Transformer）**。

之後 2019 年提出新一代的 GPT-2，2020 年又提出 GPT-3，之後往 GPT-4 邁進，在尚未正式完成 GPT-4 模型前，2022 年 11 月 OpenAI 以訓練中的模型延伸開發出聊天用途的 ChatGPT 服務，因而大受歡迎。2023 年 GPT-4 正式練成，也可用來支援 ChatGPT 服務，故原有的服務模型稱為 GPT-3.5，新的則是 GPT-4。

以 GPT 系列引擎延伸出的應用不只是文字聊天用途的 ChatGPT，2024 年還提出搜尋引擎的 SearchGPT，之後改稱 ChatGPT Search，或在 ChatGPT 前曾有 InstructGPT 等。

GPT-4 的問世也開始引入**多模態（Multimodal）**能力，過往餵給 AI 模型的問題通常為單一種媒體，例如一段文句或一張圖片等，然後要求 AI 給予智慧性判別回應。

多模態則是可以同時給予多種媒體，例如給一張圖片後搭配一段問句，如圖片中有幾隻貓？去除黃貓不算，則有幾隻貓？AI 必須同時考慮圖片與問話才能回應。有了多模態後，AI 就更往前逼近 AGI 一步了。

更之後 GPT 系列模型持續精進，有了 GPT-4 Turbo、GPT-4o、GPT-4o mini、OpenAI o1、OpenAI o3 mini、GPT-4.5 等新模型，其中 Turbo、mini 等是針對既有的模型進行 AI 回應速度、AI 模型大小而有的調整版，但調整的同時也順便進行若干方面的表現精進，如強化數學問題能力、語言翻譯能力等。

表 1-1：OpenAI 模型概略發展歷程表

揭露年月	主要模型	相關模型
2018-06	GPT-1	
2019-11	GPT-2	
2020-05	GPT-3	
2022-03	GPT-3.5	
2023-03	GPT-4	GPT-4 Turbo
2024-05	GPT-4o	GPT-4o mini
2024-12	OpenAI o1	OpenAI o1-mini
2025-01	OpenAI o3	・OpenAI o3-mini ・OpenAI o3-mini-high ・OpenAI o3-mini-low（測試版，非正式版）
2025-02	GPT-4.5	

資料來源：作者整理

1-6 預訓練模型與模型微調

既然 ChatGPT 如此好用，我們也希望各服務網站的聊天機器人也能跟 ChatGPT 一樣，回話智慧又人性，事實上企業也希望如此，那該如何做？

直接把本來服務網站接收到的問題導引到 ChatGPT 上，再把 ChatGPT 的回覆接收回來轉給發問者，這樣可行嗎？答案是不太可行，因為 ChatGPT 背後的 AI 模型當初在訓練時所使用的資料（或稱**數據集、資料集，Dataset**）並沒有太多是該服務網站的專屬資料，因此回覆的答案無法很精準，通常是很概念性的無用答案，甚至是亂回話。

要如何讓 AI 模型的回話更合乎不同服務網站個別的需要，例如合乎律師事務所的簡單法律詢問、合乎醫院的線上掛號科別詢問，乃至金融業、電信業等，對此必須將模型複製出一份，而對複製的模型進行一些調整，此稱為**微調（fine-tuning）**。

微調需要給模型一些新的資料，以律師事務所而言，可能要提供一般的法律條文資料、事務所自己專屬的訴訟業務文件等，以此重新訓練模型，或若干性改變原有模型的架構。即便如此，也並非是訓練一個全新的模型，只是對現行模型進行程度性改造，使其更合乎特定用途。

之所以要複製出來一份，畢竟原有的模型依然要服務各方大眾，保持中立、全向、非專精的立場，只要用複製出的模型來微調，從而實現合乎自己需求的特定模型。而尚未進行微調，但已是高完成度的全向性回話模型，稱為**預訓練模型（Pre-trained Model）**。言下之意，已經被預先訓練好的模型，後續可依據個別用途再行微調。

更簡單來說，預訓練模型就像是一份結婚典禮上的範本賀詞稿，內容用詞通常四平八穩，取得這份範本後，依據不同的婚禮場合再進行修改其中文句，就成了更適合某場婚禮的動人賀詞稿。

企業與機構自建 LLM 提供服務，除了有更精準、專業回話的好處外，其實也可以避免使用共通性 LLM 的壞處，主要有三：

1. 避免洩漏企業商業機密

過去 ChatGPT 服務剛上線不久時，就曾發生南韓 Samsung 公司的員工在與 ChatGPT 文字對話過程中，誤將公司的商業機密傳遞到雲端，如此即洩漏

公司機密給其他不知名的 ChatGPT 用戶，而獨立空間打造的自屬 LLM 則能相對避免洩漏問題。

2. 避免系統受誤導

ChatGPT 一方面回覆大眾問題，一方面也持續從大眾的反應來吸收學習改進，然而吸收過程中也容易被人誤導，例如林肯是偉人嗎？一開始回覆的答案是，但若經過一段時間大家密集討論《吸血鬼獵人：林肯總統》這部奇幻虛構電影，之後再詢問林肯是偉人嗎？答案可能變成：他是吸血鬼獵人。為了避免誤導，獨立打造自屬 LLM 可減少此一誤導影響，提供儘可能長期一致的回覆。

3. 避免普世價值把關機制

ChatGPT 屬於公眾使用定位，為了避免助長社會不良發展，故背後系統會刻意迴避一些問題，例如毒品、犯罪、炸藥等。但有些企業與機構因本身業務因素必須回覆這類的答案，如此就無法使用 ChatGPT，而必須打造自屬的 LLM，並移除關鍵字詞的迴避機制。

 ## 1-7 企業特定微調版實務

上述是概念流程,接著以實務方式說明,由於 OpenAI 與 Microsoft 有技術合作(Microsoft 對 OpenAI 投資上百億美元),OpenAI 的 ChatGPT 服務是用 Microsoft 的**公有雲(public cloud)**服務 Azure 的資料中心機房來提供服務的,而企業若想複製、微調出自有版本的 GPT 模型,從而實現自有的 ChatGPT 智慧回話服務,則可以使用 **Azure OpenAI**(簡稱 **AOAI**)公有雲服務。

做法即是上傳企業指定的資料集或企業自身特有的資料集至雲端,然後在雲端複製一份 GPT 模型,對複製出的模型進行微調訓練。訓練需要一段時間,訓練完成後就得到自己獨有的模型,並在雲端上用該模型提供線上服務。

A 企業如此做、B 企業如此做,各自在雲端上開設一個獨立空間,在空間內進行模型微調、放置微調後的自有專屬 GPT 模型,從而提供自家的 ChatGPT 服務,如此,A、B 企業相互不干擾。

1-8 為何要在雲端微調模型與提供服務？

說到這裡可能有人要問，一定要在雲端微調模型，然後在雲端放置模型，以提供線上智慧回話服務嗎？若對企業**資訊技術（Information Technology, IT）**有些概念的人可能會想：我能否在自家的資訊環境中微調模型，而後用自家的資訊系統來提供類 ChatGPT 服務呢？更直接說，即是用自己家裡的**伺服器（server）**來微調模型、佈建（deploy，搭建起來，意思類同於一般個人電腦上的軟體**安裝（install、setup）**）模型，從而提供服務。

對此首先要說，由於模型微調需要對模型進行訓練，訓練需要大量、密集使用運算力，一旦訓練完成，就不再需要大量、密集的運算力，如果模型的訓練次數不太密集，實在沒有必要自己準備大量運算力（意味著購買大量伺服器、高階伺服器來微調模型）。例如一年只訓練兩次，每次兩個月，則大量運算力則有八個月閒置，形同浪費。

所以，一般是租賃公有雲的運算力來微調模型，短時間大量使用運算力，模型一旦微調完成就退租運算力，只保留模型持續提供服務所需的運算力，這樣比較經濟。如果企業財大氣粗，不在意浪費，或一些特定 AI 應用需要頻繁微調模型，例如翻譯社，則可以用自家資訊環境來微調。

另外，由於預訓練的 AI 模型不一定是**開放原始程式碼（open source code）**的，有些廠商不允許客戶將預訓練模型搬離公有雲環境，如此必然在公有雲上微調模型、佈建模型。

還有，無論是預訓練模型或微調後的模型，其模型容量都相當龐大，動輒需要數十 GB、數百 GB 的儲存空間，模型要提供服務時，記憶體也必須有數十、數百 GB 的容量，以便把模型完全**載入（load，放入）**記憶體中，然後**執行**（學名稱為**推論，inference**）模型，模型才能提供線上服務。

進一步的，執行模型服務也需要強大的運算力；一般的運算力則會使回話速度變化。如果您問明天日本東京天氣如何？結果三分鐘後才浮出完整的文字答案，肯定會覺得很不耐煩，因為相同時間，您早就可以自己上網查到結果了。

再者，線上服務的人流有不確定性，如醫院的線上問答服務平常可能只有一般流量，但到了流行感冒期間則流量大增，如此在相同運算力下，每個

人問話後的回話速度必然會變慢，這時需要彈性擴增運算力，以便維持文字回話速度的服務品質。

考慮到上述種種，為了運算力能快速彈性增減，為了因應可能暴增的人流，依然傾向在雲端微調模型，而後直接在雲端上用模型提供服務。

附帶一提，自家資訊環境、資訊系統一般也稱為**本機端、本地端**（local，本地、在地、就近的意思），雲端也稱為**遠端**（remote，或稱**遙端**，遙控器即統稱為 remote controller），是種相對概念用詞。

 1-9 生成式人工智慧模型雨後春筍般出現

前面我們談及的都是 OpenAI 公司的 GPT 系列模型，或稱為**生成式人工智慧（Generative Artificial Intelligence**，以下簡稱 **GenAI**）模型，但在 ChatGPT 走紅後，諸多 AI 新創與軟體科技大廠也紛紛投入相似的發展，例如 Google 提出 Gemini（雙子星）系列的模型，Facebook 的母公司 Meta 也推出 Llama 系列的模型，都標榜具有高度智慧性，新創業者如 Mistral、Anthropic 等也開始竄起。

這些快速跟進的業者提出的模型有的是開放原始程式碼的，有的則沒有，例如 Google 的 Gemini 系列為專屬封閉的，此與 OpenAI 的 GPT 系列相似，但 Google 也有推出開放原始碼的 Gemma 系列模型，便與 Meta 的開放模型 Llama 一別苗頭。

由於 AI 模型可以從無到有打造訓練（AI 軟體技術公司的技術含量所在），也可以拿別人訓練好的模型當成預訓練，而後再行微調出自己的模型，所以今日模型可謂多又多，以 GenAI 模型主要集散地的 Hugging Face 網站而言，至 2025 年 2 月底已有 146 萬個模型，且還在持續增加中。

不過多數的模型是拿他人來衍生的，真正根基性自主掌控開發的模型相對少，除前述的 OpenAI 的 GPT 系列、Google 的 Gemini 系列或 Gemma 系列，以及 Meta 的 Llama 系列外，還有 Microsoft 的 Phi 系列、Anthropic 的 Claude 系列，族繁不及備載，整體仍在持續蓬勃開展中。

這些 GenAI 模型除了強調跟 GPT 系列一樣有智慧甚至超越外，模型容量通常也如前述般相當龐大，需要用雲端環境來執行才能比較順暢、才能同時因應多人上線服務。

附帶一提的，GenAI 不僅是單純的文字問、文字答，而且是 GPT-4 的多模態；GenAI 的輸出輸入都更加的多元化，例如文字輸入圖形輸出，俗稱文生圖，或圖進圖出（圖生圖），或要求 AI 模型生出一段音樂、寫一段程式碼、翻譯一篇文章、寫出一個故事或劇本、造出一個 3D 模型、寫出一個管理流程等都是可能的，這使得 GenAI 更具潛在應用發揮空間。

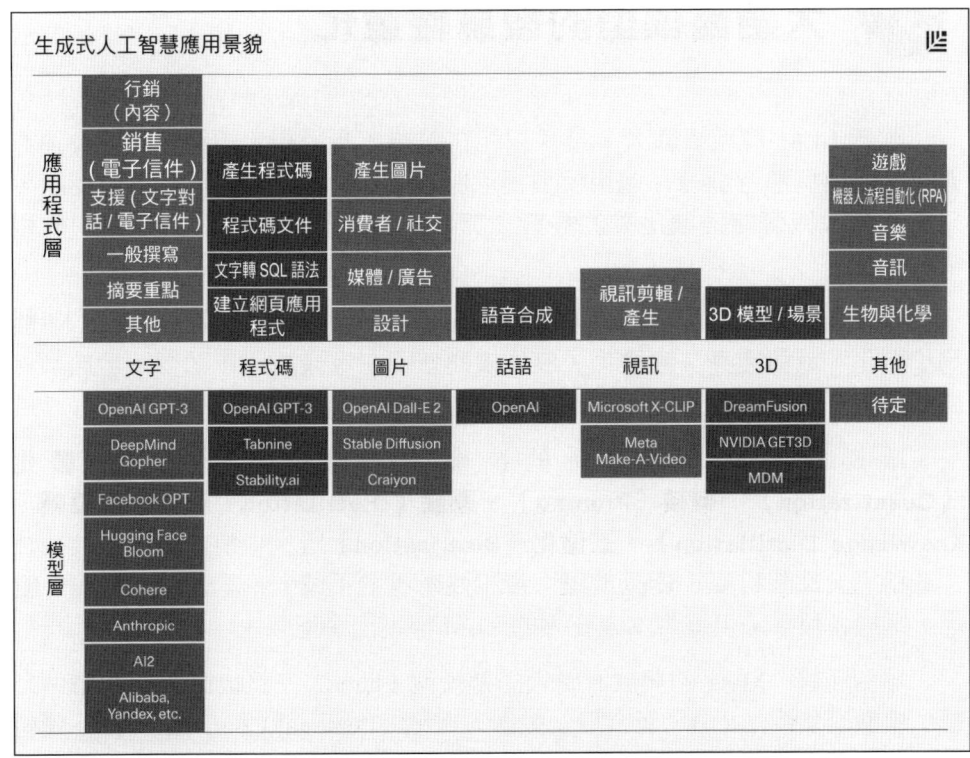

圖 1-5：知名科技業創投紅杉資本（Sequoia Capital）提出的 GenAI 應用景貌。

資料來源：紅杉資本

01・大語言模型技術基礎認知　　25

 1-10 大語言模型的瘦身輕量化

雖然 LLM 模型很龐大,幾乎只能在雲端上運用龐大的儲存空間及運算力才能對模型進行訓練、運用模型提供服務,如此 LLM 的運用就會受限,只有企業或機構能提撥足夠的經費預算來支付公有雲的空間與運算力的租費。

為了避免 LLM 的運用發揮受限,資訊軟體業界與學界均努力讓 LLM 能夠小型化,或稱瘦身、輕量化,以便讓模型能在本機端運作執行。至於訓練微調仍儘可能在雲端,待完成訓練微調後,則快速退租空間與運算力。

讓模型瘦身、輕量化的技術手法有許多種,例如**量化**(Quantization)、**剪枝**(Pruning)、**蒸餾**(Distillation,或稱**知識蒸餾**,Knowledge Distillation)、**二值化**(Binarization)等。但這方面過於技術性(或稱過於電腦科學、資訊工程、資訊技術專業領域),本書暫不展開,總之,透過各種手法可以將本來龐大的 LLM 衍生出小型版。

舉例而言,Meta 的開放原碼大語言模型 Llama2 完整版具有 700 億個參數,模型容量達 39GB,而今日一般個人電腦(Personal Computer,以下簡稱 PC)約僅 8GB、16GB 記憶體,根本無法載入如此龐大的模型(仍可透過變通方式載入,如使用虛擬記憶體技術,但依然不實用)。但透過各種瘦身工程後有了 130 億個參數版、70 億個參數版,模型容量可減至 7.4GB、3.8GB,就可以放到一般的 PC 執行了。

除了記憶體能載入模型外,其實還要考慮 PC 的運算力,若沒有 AI 硬體加速晶片,且**中央處理器**(Central Processing Unit,以下簡稱 **CPU**)過慢的話,文字回話的速度也會相當緩慢,如此依然不實用。

所幸,廠商也想趕上 GenAI / LLM 這股熱潮,算是聽到一般人的願望,所以 2024 年開始推行所謂的 AI PC,亦即在 PC 內加入各種 AI 硬體加速能力,可能是 CPU 加入 AI 加速指令、可能是配置較佳的**繪圖處理器單元**(Graphics Processing Unit,以下簡稱 **GPU**)、可能是加入**網路處理單元**(Neural-network Processing Unit, NPU)的加速電路等,總之,PC 對於 AI 的處理執行有明顯的效能提升,以利 PC 使用者建立與使用本機端 LLM。

一旦 LLM 輕量到一般 PC 就能儲存、就能執行,那應用範圍就可大大擴散,不再只有企業運用雲端來建立 LLM,而有機會普及到家戶、個人領域。

1-11 為何要建立本地端的 LLM？

雖說企業／機構、家庭／個人都有機會建立自己的 LLM 類 ChatGPT 服務，但為何要在本地端、本機端建立，而不是在雲端呢？這其實有四個理由，以下逐一說明。

1. 服務穩定不怕斷網

LLM 放在雲端最怕就是斷網，一旦斷網，服務就會中斷。雖然斷網機率不高，但一年總會來個幾次。以往發生這類情事，通常不易獲得求償，或事先簽署服務相關協議，在協議中訂立斷網罰則（例如：一年不可斷網超過三次、每次不可超過一小時；次與次之間不可太密，不可低於兩個月等）才可能求償。而願意簽署協議的通訊服務商，其實也已經把費率調高，好因應可能的賠償成本。相反的，如果自己微調出來的 LLM 放置在本機端，就可以不受外部斷網影響。

2. 保護個人隱私

如同前述所提，企業員工可能在不經意情況下洩漏商業機密給 ChatGPT，導致其他線上用戶可能得知機密。相同道理也適用於個人、家庭用戶，個人用戶也同樣有機敏（機密、敏感）資訊，例如身分證字號、信用卡卡號等，為了避免洩漏隱私，也是以自建 LLM 比較合適。

雖然今日公有雲服務商信誓旦旦說每個客戶的 LLM 是獨立安全的，營運方不會洩漏企業或個人在獨立空間內放置的私密資訊，但近年來，各企業、各服務商屢屢發生資安事故，造成大量帳號密碼、隱私洩漏，故依然不可掉以輕心。

相對的，若將 LLM 放置於本地端、本機端，自行控管資安防護，即不會發生上述的託管問題。當然，此後資安防護責任就落到自己身上，必須更勤於檢視與維護資安。

3. 長期節費性

LLM 放置於公有雲上是需要收費的，如儲存空間每 GB 每個月收一個錢、運算力每個虛擬核心每小時收一個錢，若使用 AI 硬體加速、固態硬碟存取加速等，自然是再加價。

相對的，如果是把 LLM 放在本地端、本機端，自然沒有公有雲的月費支出，不過初期必須自己購買電腦軟硬體，短期內會比使用公有雲租賃來得昂貴，但以長期而言，依然是比公有雲合算。

4. 回應速度快且可控

將 LLM 放在遠端，其回話的反應速度不僅慢且不可控，例如將 LLM 放在鄰國日本的機房，則文字發話的內容從你家透過光纖傳遞到固網業者，固網業者再以固網連接通訊海纜**登陸站（landing station）**，然後透過登陸站連到日本的登陸站，再連到固網，進入日本資料中心資訊機房，等到 LLM 得到問話內容後進行處理，而後透過相同路徑反向提供回話內容，如此往返需要幾十毫秒（毫秒，指千分之一秒）至數秒的時間。

如果機房在本島，狀況可以好一點，不用出入跨海纜線，但依然需要島內固網，回應可以快一些。不過，如果因為某些緣故，島內的公眾網路出現擁塞，那回話的反應速度一樣會受到影響，這是不可控的。

相對的，如果 LLM 放置在自有環境，自有環境的網路頻寬歸自己管理，LLM 的反應速度既快也可控。

# 1-12 輕量化的模型有缺點

既然 LLM 可以透過技術手法使其輕量化，使其能在尋常個人電腦系統內安裝、執行，那麼是否就真的能如同 ChatGPT 線上服務一樣，各種問題均能回覆，關於此必須說是能夠回覆。但輕量化的模型因為參數量的減少，回覆表現也會變差，更容易出現誤判問題、答非所問的狀況。

不僅 LLM 如此，其他類型的 AI 模型一旦進行輕量化，其表現必然有所犧牲，問題僅只在於犧牲程度是否能夠接受。舉例而言，如果我們訓練出一個臉部識別的 AI 識別系統（CV 類型的應用），但模型相當肥大，每完成一個人的臉部識別需要一分鐘，為了讓其更快速識別而進行輕量化工程，模型容量可能減至十分之一大小，識別時間也因此降至 6 秒，但同時 AI 誤判率將增加 5%。

如此輕量化的模型可能適合遊樂園，遊樂園進場人數又多又密，有必要在 6 秒內完成識別，雖然可能增加 5% 的誤判，讓 5% 的人沒有買票也能進場，但也就損失些許的入場費收入，或需要服務人員介入，協助引導進場。

相對的，如果是軍事要地，由於出入人數少且間隔時間長，重點是不允許 AI 誤判，故仍可能要接受識別長達一分鐘的 AI 模型，而拒絕使用快速判定且可能誤判率提高的模型。由此可知，必須依據應用情境來決定輕量化是否合用。

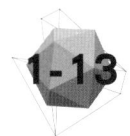

1-13 家戶與個人難以微調模型

前面提到,企業或機構自建 LLM,可以透過微調讓回話更為精準、專業,但這牽涉到模型的再訓練,如此必須準備資料集,並且可能牽涉到資料清洗,使資料更為潔淨以利 AI 訓練。其他也包含軟體技術開發人員的介入、一段密集時間的電腦系統運算(微調),才能得到微調後的 AI 模型。

很明顯,微調工作牽涉到資金、技術、時間,對企業與機構而言,可以提撥預算、僱用技術人員、耗用系統時間來實現微調,但對一般家庭或個人用戶而言,微調模型的可能性就不大。

1-14 檢索增強生成也具精進效果

既然家庭與個人難以對模型微調,那就直接使用預訓練的模型,接受模型可能天南地北不精準的發散回話嗎?對此各界也開始想辦法,目前提出的緩解方式是給 LLM 引入**檢索增強生成(Retrieval-Augmented Generation,以下簡稱 RAG)** 機制。

RAG 其實是由使用者給 LLM 限定一個資料範疇,可能是一堆文件檔案,或者是幾個網址等,LLM 會先行消化吸收限定範疇內的資訊,然後遇到問題詢問時,會先行去限定範疇內找答案,而後再用人性口語方式回話。

指定資料範疇的方式,只要使用者選擇檔案或選擇檔案所在的資料夾,以及給出網址(意即將網址的網站內容都列入限定的範疇內),之後給予 LLM 些許消化時間,就可以讓 LLM 較精準回話。

RAG 只需要用到一般使用者的尋常電腦操作,不需要軟體開發技術人員,也不用資料清洗等,對個人用戶而言,是相對務實可行的 LLM 精進回覆手法。

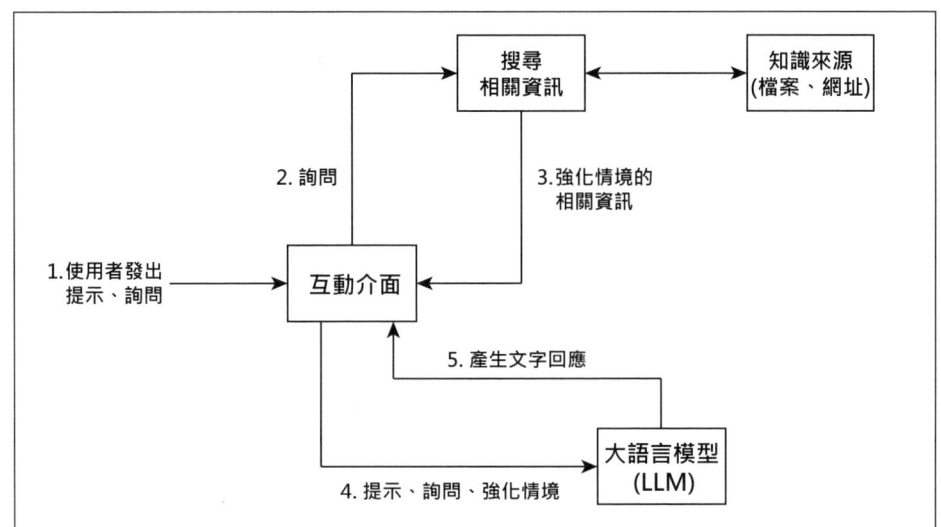

圖 1-6：檢索增強生成示意圖。
資料來源：作者提供

　　附帶說明的是，微調與 RAG 並不衝突，對企業與機構而言，可以只做微調，也可以跟個人用戶一樣只做 RAG，或者是微調之後也進行 RAG，端看企業對 LLM 有多高的期望，以及預算、技術、時間等是否許可。

1-15 個人本機端 LLM 的應用

前面已經提到建立個人本機端 LLM 不怕斷線、不怕誤導、不怕洩漏隱私等，但這些都只是除弊，更重要的是興利，即個人本機端 LLM 可以用來幹嘛？答案是**個人知識管理（Personal Knowledge Management, PKM）**。

各位試想一下，如果您想要養貓，想知道養貓該注意的一切，你可以一直 Google 然後作筆記，但其實也可以善用 LLM，運用自己建立的 LLM，把你找到的養貓相關知識的網址、電子檔都指定給 LLM，之後再以問話方式快速進入狀況、快速掌握養貓該有的頭緒，使個人知識快速增長。

與此類似的，想學習一門新學問，例如心理學，也可以用類似方式來建構自己的知識管理系統，或為了完成一份課業報告、企業內的工作提案等，個人本機端 LLM 都可以帶來幫助。

進一步的，各界現在也開始將網路爬蟲、輿情系統等技術與個人 LLM 結合，如此連自己翻找資料的功夫都省了，設定關鍵字與指定來源等，LLM 就會自己消化吸收新知識，而後等候各位前來問答。

1-16 小結

在這章的最後,我們簡單回顧之前所言的內容,15 個小節大體可分成四個層面,參見圖 1-7。

在建立起認知後,後續的章節均與建立個人 LLM 實務有關,包含實際下載軟體、安裝軟體、對應設定等,希望藉此讓各位都能建立起自己的 LLM,並透過 LLM 加速個人知識的增長。

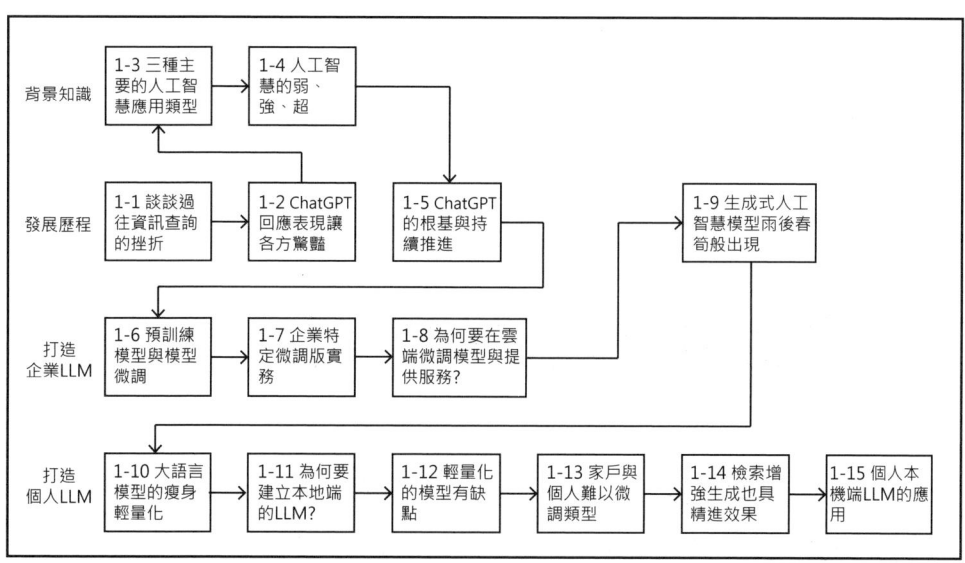

圖 1-7:打造個人 LLM 的認知歷程圖。
資料來源:作者提供

02

快速建立自己的大語言模型

　　本章試圖以最直覺、便捷快速的方式讓各位體驗到自建大型語言模型的好處，而後再對已進行過的操作補充說明，瞭解操作的實際意涵，如此讓認知與實務連結，並為更後續的章節說明打下基礎。

2-1 Ollama 軟體簡述

本章將先以 Ollama 這套軟體來示範自建本機端 LLM，這套軟體既有 Windows 版、Linux 版，也有 Mac 版，但本書的示範均以最大宗的 x86 Windows 為主。首先先在 Google 搜尋引擎上打關鍵字「ollama」，或直接在瀏覽器網址上輸入 ollama.com，即可到該軟體的官方網站（簡稱官網）。

圖 2-1：Google 搜尋引擎輸入關鍵字「ollama」取得官網網址。
資料來源：Google

02・快速建立自己的大語言模型　35

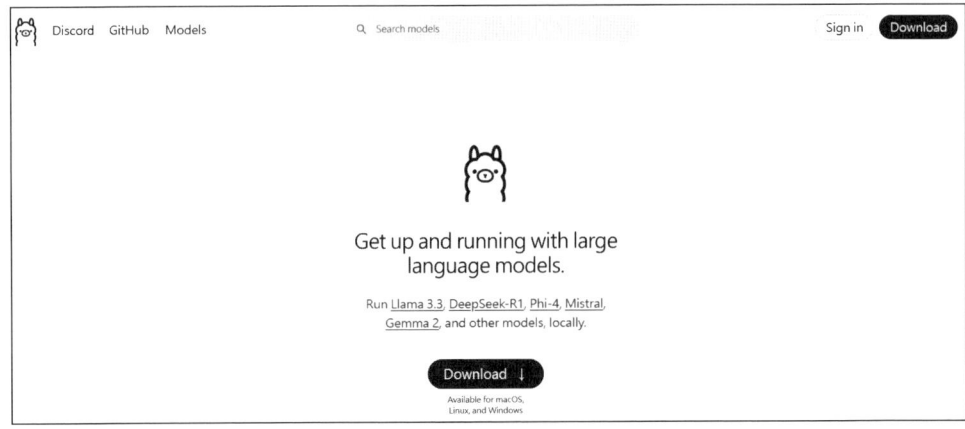

圖 2-2：直接在瀏覽器輸入「ollama.com」也可直接進到官網。
資料來源：ollama 官網

　　Ollama 是一套開放原始程式碼（簡稱：開放原碼）的軟體，各位可以不用付費地自由使用。開放原碼軟體通常會有專案發起相關人賦予的一個象徵吉祥物，Ollama 即是一隻羊駝（或稱草泥馬，但草泥馬略與髒話諧音），而知名的開放原碼作業系統軟體 Linux 則是一隻企鵝，知名的開放原碼瀏覽器軟體 Firefox 自然是一隻狐狸，其他也有小魔鬼（FreeBSD）、大象（PostgreSQL）、海狗（MariaDB）等。

2-2 確認一下自己電腦的資源

接著我們稍微確認一下自身的電腦是否夠格安裝 Ollama，一般建議最好有 16GB 以上（含 16GB）的記憶體以及 12GB 以上的硬碟空間，可以更多更好，多多益善。或許 8GB 的記憶體也可行，但只能嘗試非常小參數量的 LLM，可用的模型限縮很多，故不太建議。

至於如何知道自己記憶體容量？硬碟剩餘容量呢？以下簡單操作即可得知。

步驟 1：

先按下 Windows 11 的視窗鈕，然後選擇「設定」，即如圖 2-3 中的右上角白框圖示。

圖 2-3：點擊 Windows 11 的「設定」圖示。

步驟 2：

之後在「設定」畫面中的左側選單中選擇「系統」，接著在右側主選單中選擇最下方位置的「系統資訊」，如圖 2-4。

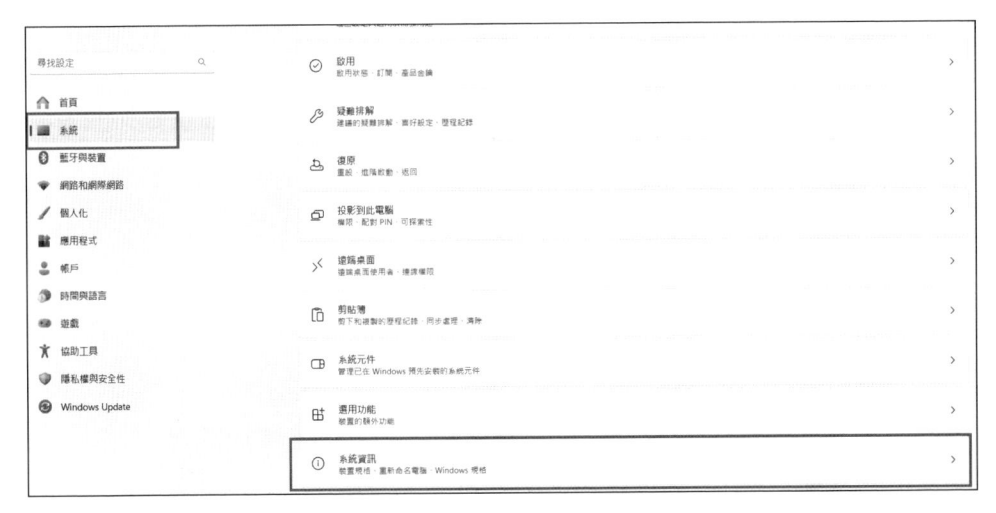

圖 2-4：設定「系統」中的系統資訊。

步驟 3：

這時會顯示「系統資訊」，見圖 2-5。

圖中作者把自己電腦的相關資訊暫且去除，但不影響我們檢視記憶體資源大小。在圖 2-5 中的黑框可見這部電腦有 16GB 的記憶體，這足以安裝、執行 Ollama。

系統 > 系統資訊

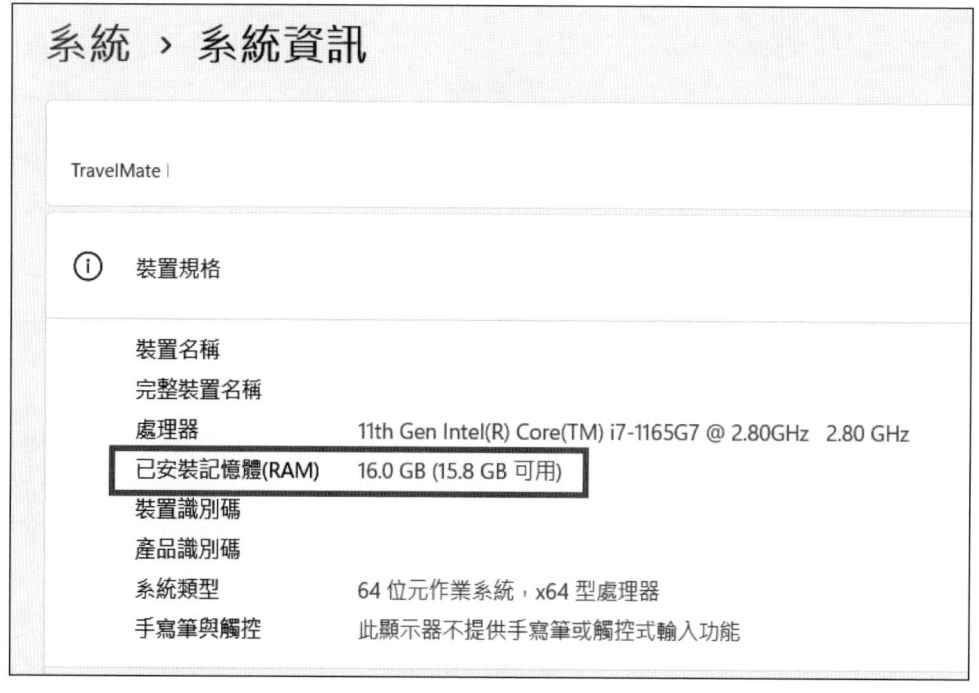

TravelMate

(i) 裝置規格

裝置名稱	
完整裝置名稱	
處理器	11th Gen Intel(R) Core(TM) i7-1165G7 @ 2.80GHz 2.80 GHz
已安裝記憶體(RAM)	16.0 GB (15.8 GB 可用)
裝置識別碼	
產品識別碼	
系統類型	64 位元作業系統，x64 型處理器
手寫筆與觸控	此顯示器不提供手寫筆或觸控式輸入功能

圖 2-5：檢視自身電腦記憶體容量。

步驟 4：

　　接下來檢視硬碟空間大小，最簡單的方式就是打開「本機」，然後選擇「檢視」中的「詳細資料」，如此該部電腦所配置的硬碟均會列出，同時顯示各硬碟的整體容量大小與目前可用的容量大小，如圖 2-6。

名稱	類型	大小總計	可用空間
∨ 裝置和磁碟機			
SYSTEM (C:)	本機磁碟	475 GB	146 GB
Data (D:)	本機磁碟	476 GB	229 GB
SDXC (E:)	USB 磁碟機	119 GB	80.3 GB

圖 2-6：電腦中各硬碟總容量與可用容量顯示。

　　雖說 12GB 就可以了，但作者建議 20GB 以上比較合適，因為安裝 Ollama 軟體本體就要佔約 4.75GB（以 0.5.12 版而言），加上下載若干個 LLM 也都有可觀的 GB 級空間佔量，所以 20GB 以上為宜，且多多益善，如 30GB、40GB 等。

　　附帶一提，確認記憶體容量、硬碟空間等資源足夠後，建議也確認一下自己電腦的作業系統版本是否支援安裝 Ollama。

步驟 5：

我們將用 Windows 來安裝 Ollama，Windows 必須是 Windows 10 以上才行，確認方式一樣是：設定→系統→系統資訊。同樣的，在圖 2-5 頁面下方即可看到自己的電腦使用的是哪一版的 Windows，如圖 2-7。

```
Windows 規格

版本              Windows 11 專業版
版本              23H2
安裝於            2025/2/26
OS 組建           22631.4890
體驗              Windows 功能體驗套件 1000.22700.1067.0
Microsoft 服務合約
Microsoft 軟體授權條款
```

圖 **2-7**：檢視電腦上的作業系統版本。

2-3 下載、安裝 Ollama

步驟 1：

確認硬體資源足以安裝 Ollama 後，我們正式下載 Ollama 軟體。先在官網右上角點擊「Download」，之後在畫面中間選擇偏右的 Windows（必須是 Windows 10 以上），接著按下中間下方的「Download for Windows」按鈕，見圖 2-8、2-9。

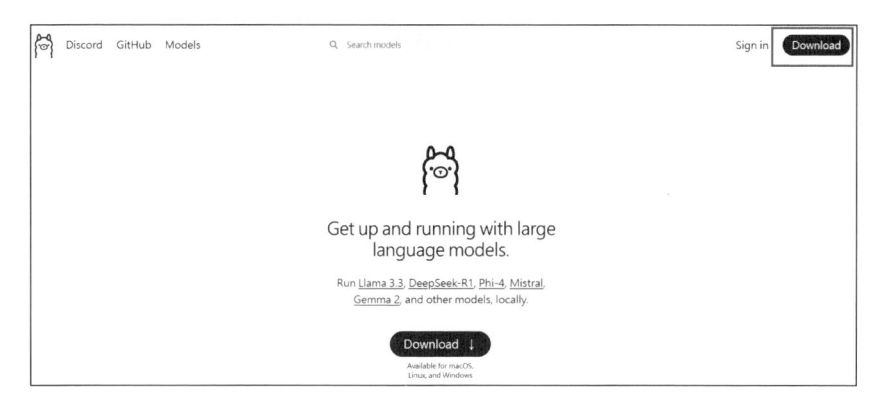

圖 2-8：點選官網右上角的「Download」按鈕。

圖 2-9：點擊官網中間偏右位置的「Windows」按鈕，之後再按下下方中間位置的「Download for Windows」。

步驟 2：

　　點擊後即開始下載「OllamaSetup.exe」程式檔（今日多數電腦預設隱藏檔案的副檔名，因此只會顯現「OllamaSetup」字樣，但無礙），先在電腦中找個地方儲存下來，程式碼約 769MB，見圖 2-10。

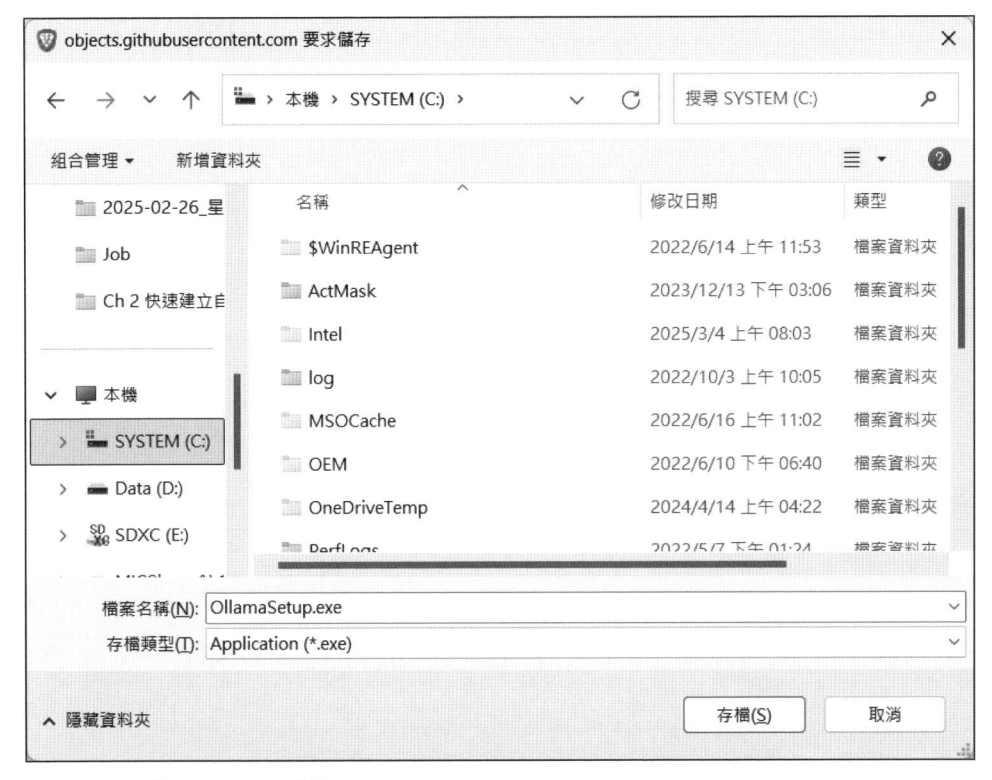

圖 2-10：下載 Ollama 程式檔。

步驟 3：

下載完後,用滑鼠對「OllamaSetup.exe」雙擊(double click),之後便會啟動一連串的安裝程序,見圖 2-11。

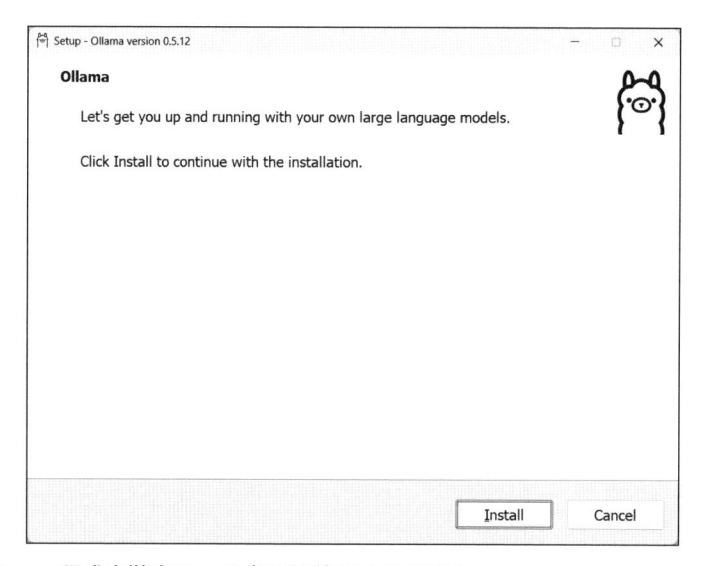

圖 2-11：Ollama 程式安裝畫面,此處示範使用 0.5.12 版。

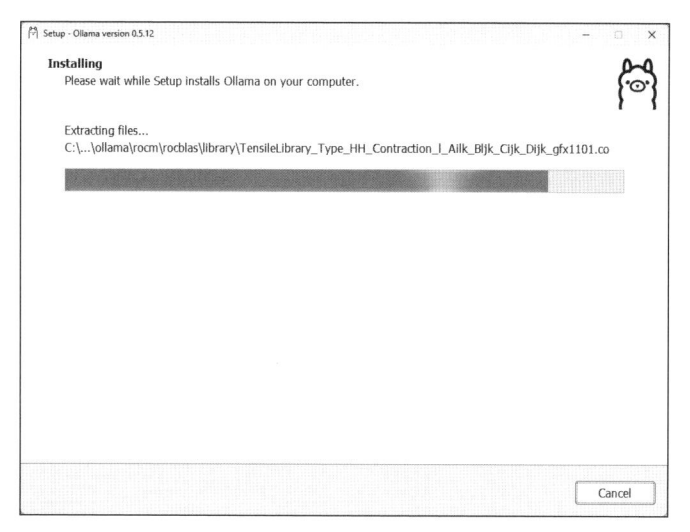

圖 2-12：安裝進度畫面,稍待一段時間便可完成安裝。

2-4 下載並體驗第一個本機端大語言模型

步驟 1：

安裝完成後，Windows 右下方會顯示提示訊息，用滑鼠點擊它，如圖 2-13。

圖 2-13：點擊安裝完成的訊息。

步驟 2：

點擊之後，程式會自動開始一個背景黑色的小視窗，如圖 2-14，此稱為**命令列（Command Line）**操作模式，或稱為**命令列介面（Command Line Interface, CLI）**或**命令式使用者介面（Command line User Interface, CUI）**。在這種介面模式下，一律用打字方式來操作電腦，電腦也會用文字回應我們。

圖 2-14：命令列模式的操作視窗。

步驟 3：

　　小視窗出現後，其實也已經給出提示，那就是要我們為 Ollama 下載第一個可以使用的 LLM。Ollama 在這裡是提示可以下載名為 llama3.2 的 LLM，這模型約佔本機端電腦 2GB 的空間，相信多數人都可以接受，所以請在黑色小視窗內打字：ollama run llama3.2，然後按下「Enter」。

　　接著會出現如圖 2-15 的畫面，這是正在從雲端下載 llama3.2 模型的進度畫面。

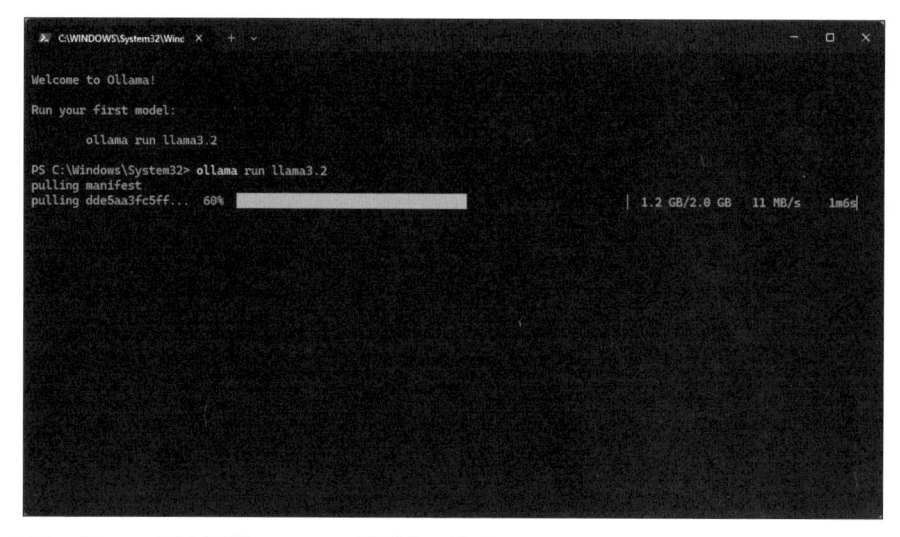

圖 **2-15**：Ollama 正在下載 **llama3.2** 模型中，進度 **60%**。

步驟 4：

Llama3.2 模型下載完成後，會出現「success」字樣，如圖 2-16。

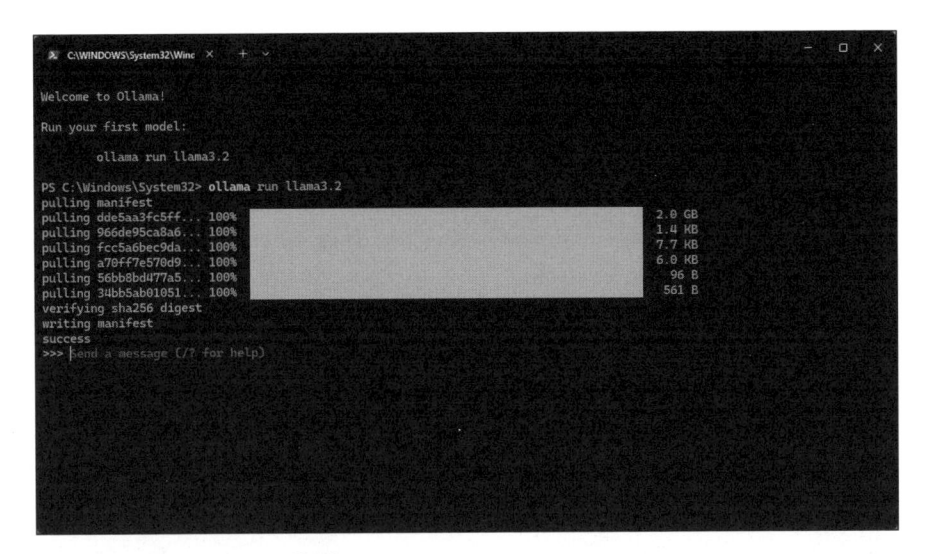

圖 2-16：成功下載 llama3.2 模型。

步驟 5：

接著又回到打字時間，這次改用中文打字，請打「您好」，之後各位就可以看到 llama3.2 這個 LLM 用中文字的訊息回應您。

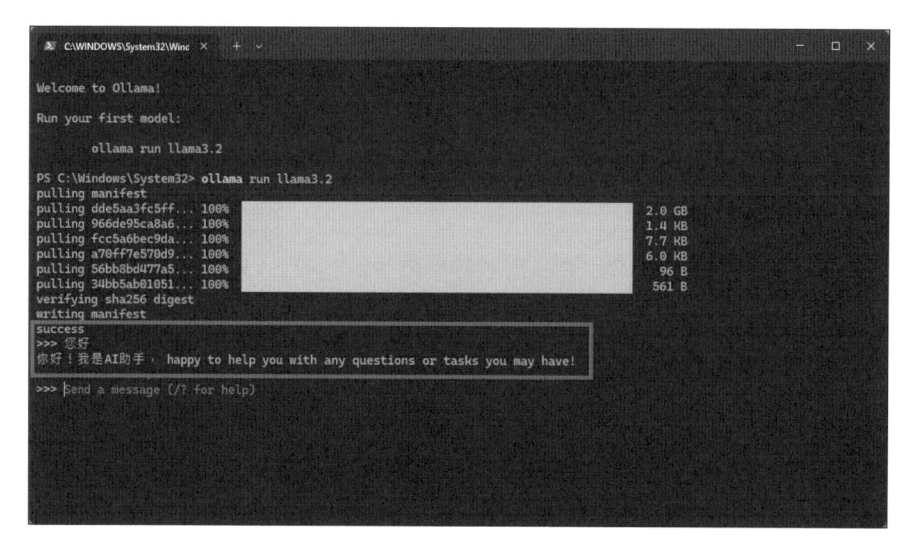

圖 2-17：Llama 大語言模型用中文回覆您，但後面仍夾帶英文回應訊息，暫且忽略這問題，後續我們會持續調整精進模型的回應。

至此我們已經建立起第一個在自己電腦上的 LLM 了，不信的話，各位可以關閉自己電腦上的有線網路（**乙太網路（Ethernet）**，RJ-45 介面）、無線網路（Wi-Fi，或可能為 4G／LTE、5G 等），即便如此，您依然能持續跟 Llama3.2 模型文字對話。

2-5 若沒有浮現安裝完成訊息的因應方式

前面我們直接點擊安裝完成的訊息（見圖 2-13）而出現黑色小視窗，但其實 Ollama 早期一點的版本是沒有浮現安裝完成訊息的，或是**移除（uninstall）**Ollama 後又重新安裝 Ollama，也可能不會再浮現完成訊息，這時如何跟 Llama3.2 模型對話呢？

步驟 1：

首先，安裝完 Ollama 後，通常後續電腦一開機就會順代執行 Ollama，使其成為常駐程式，這點各位可以去工作列右下角進行確認。如果有看到 Ollama 的吉祥物羊駝圖案（見圖 2-18），表示 Ollama 正在執行中。

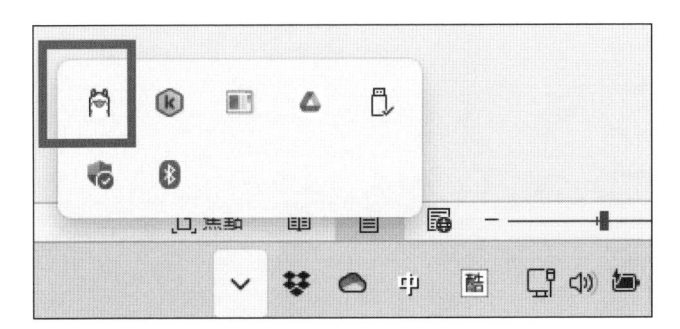

圖 **2-18**：圖左上的黑框即是執行中的 **Ollama**。

步驟 2：

　　如果 Ollama 還是沒有執行，那就按照正規啟動應用程式的程序試試，即點擊工作列上的視窗按鈕後打「oll」，這時大概就會浮現 Ollama 的應用程式圖案，對其點擊就能執行 Ollama，見圖 2-19。

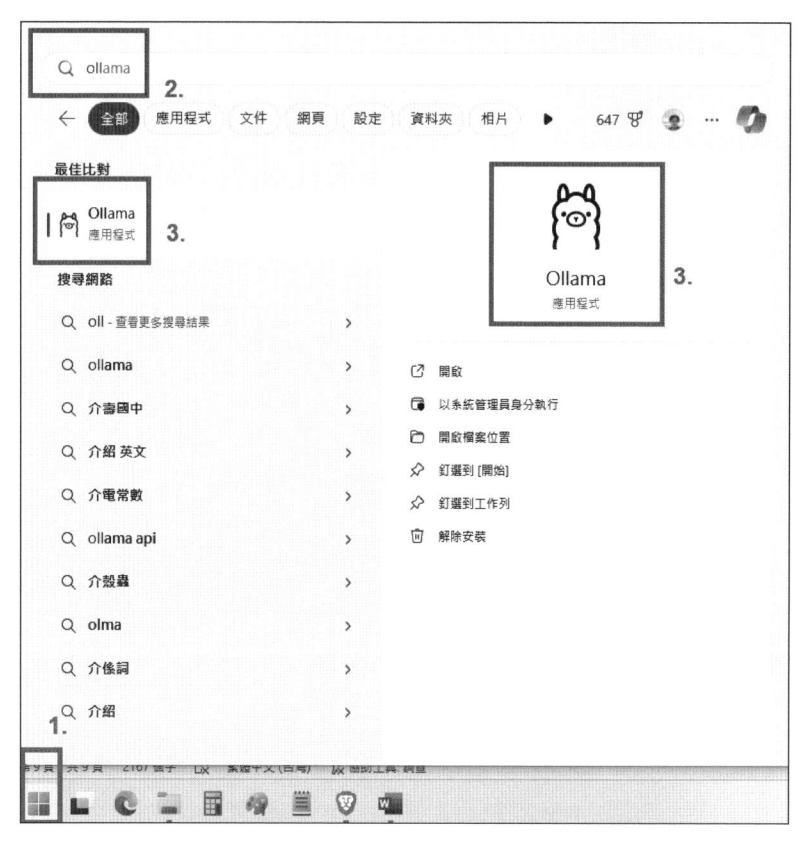

圖 2-19：啟動步驟：**1)** 按下視窗鈕 **2)** 輸入 ollama **3)** 浮現 Ollama 應用程式選單，點擊兩處的任一處，均可以啟動 Ollama。

步驟 3：

　　然後我們要啟動之前的黑色小視窗，依據上述一樣的方式操作，但輸入的搜尋關鍵字從 oll 改成 cmd，cmd 是 command line 命令列的意思，見圖 2-20。

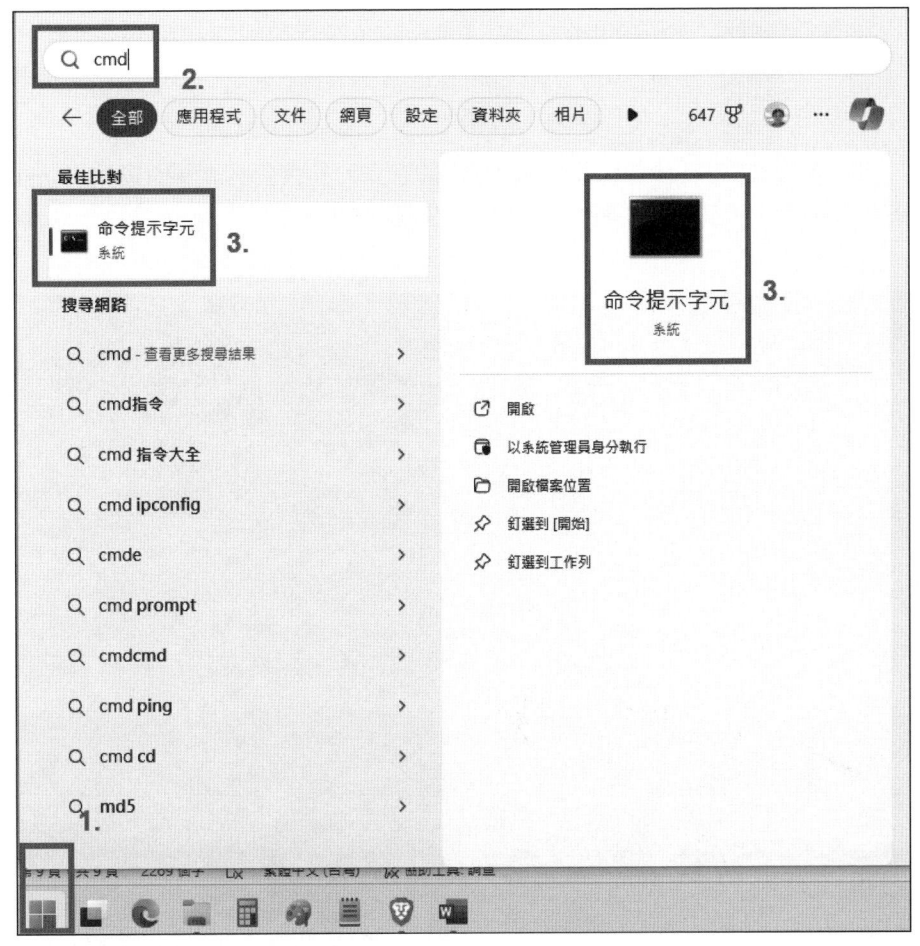

圖 2-20：啟動命令列、命令提示字元的三步驟。

2-6 如何關閉 Ollama 互動窗口與 Ollama

一旦重新開啟黑色小視窗（命列列、命列提示字元視窗），我們再重新打字輸入 ollama run llama3.2（見圖 2-21），就可再次進入能與 llama3.2 模型互動的狀態，之後文字詢問、文字回應。

在我們隨意聊一段時間後想關閉 Ollama 了，這時只要打字 bye 即可（見圖 2-21），或連打字都不用，直接關閉黑色小視窗也可，即是用滑鼠游標直接按下黑色小視窗右上角的「X」圖案。

要注意的是，無論各位是用哪一種關閉法，其實都只是關閉與 Ollama 互動的窗口而已，Ollama 本體程式依然是在執行的。

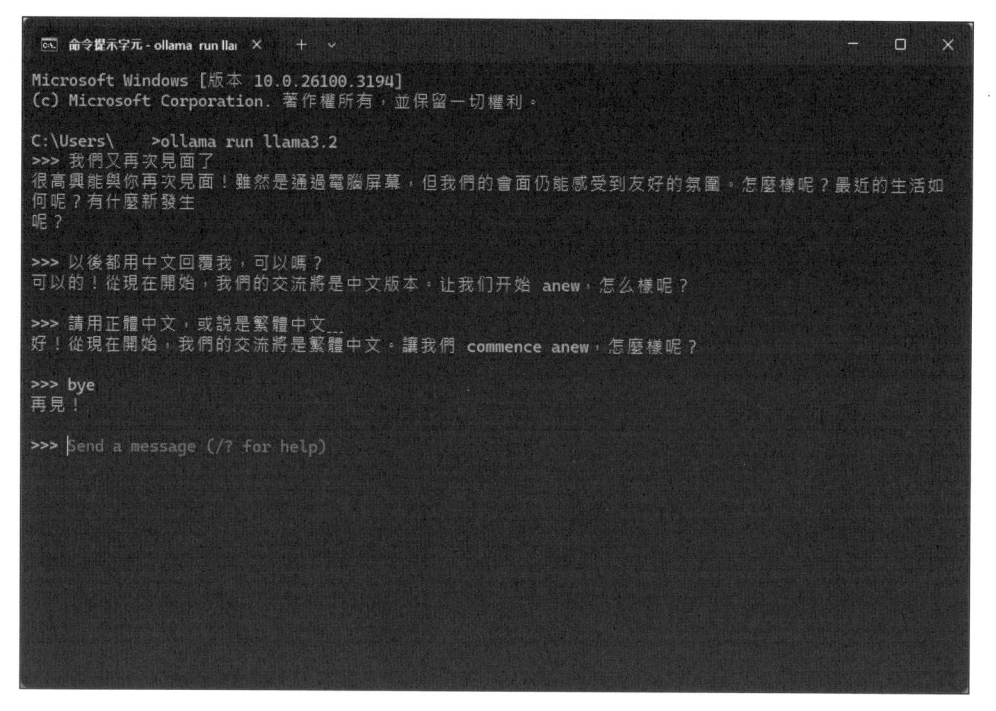

圖 2-21：與 llama3.2 聊一聊後，輸入「bye」來結束對話。

如果真的要把常駐的 Ollama 關閉也很簡單,只要在剛剛的右下角羊駝圖案上按滑鼠右鈕,然後在上下兩個選項中選擇「Quit Ollama」即可(見圖 2-22)。

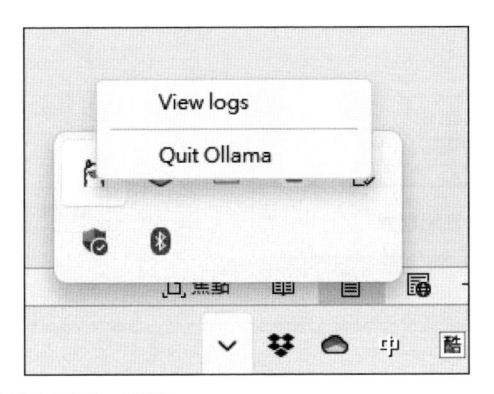

圖 **2-22**:透過工作列上的程式圖示關閉 **Ollama**。

2-7 前述實務操作說明

```
┌─────────────────────────────────────────────────────────┐
│   ┌──────────────────────┐                              │
│   │ Llama3.2 大語言模型  │                              │
│   └──────────┬───────────┘                              │
│              │                        互動              │
│   ┌──────────┴───────────┐   ┌─────────────┐     ○     │
│   │   Ollama 應用程式    │   │ 命令提示字元│<---> /|\   │
│   └──────────┬───────────┘   └──────┬──────┘     / \    │
│              │                      │          使用者   │
│              └──────────┬───────────┘                   │
│   ┌─────────────────────┴──────────────────────┐        │
│   │            Windows 作業系統                │        │
│   └────────────────────────────────────────────┘        │
└─────────────────────────────────────────────────────────┘
```

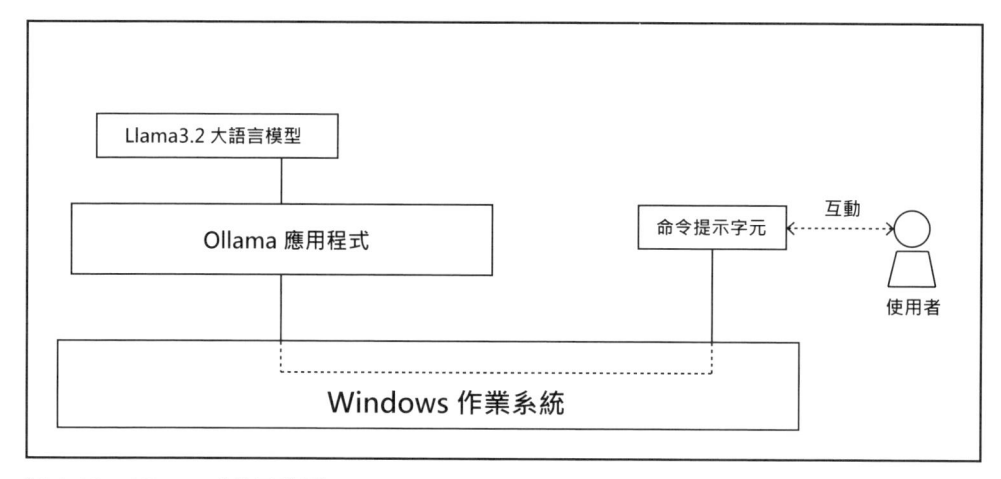

圖 2-23：Ollama 功能示意圖。

資料來源：作者提供

　　以下的操作若用視覺化來看，將會是如圖 2-23，請各位先看一下，然後我們將細部說明。

　　各位，前面曾經先確認記憶體容量、硬碟空間、Windows 作業系統的版本等，就是在圖 2-23 中的「Windows 作業系統」部分之後，我們到 Ollama 官網下載 OllamaSetup.exe 程式回來安裝，安裝好後即是在 Windows 上搭建並執行一個 Ollama 應用程式。

　　接著，我們先開啟一個黑色小視窗，即是 Windows 內建的命令提示字元，在裡頭輸入「ollama run llama3.2」，這樣其實就是對 Ollama 下令說：「請幫我執行（run）llama3.2 這個大語言模型」。

　　事實上，Ollama 應用程式剛建立起來時，本身是不帶任何 LLM 模型的，若想下載網路上的預訓練模型，其實需要打字時使用「pull」（拉，意思類同於下載，有點把雲端的東西拉到地面來的意思）相關指令，此將在之後說明。

只是 Ollama 程式很貼心，知道你下了 run 某個模型後，其實該模型目前還不存在於電腦內，所以就順便幫我們先下載了。下載完也就順便啟動該 LLM 模型，讓各位可以直接跟這個 LLM 模型文字互動。

說得更簡單一點，Ollama 就是一套在你的電腦上幫你統管 LLM 模型的軟體，包含幫你下載模型、移除模型（你確定不需要某一個模型時）、切換模型、讓你與模型互動等。

Ollama 安裝後是沒有自己的圖形化人機介面的，不能像一般的 Word、Excel 等應用程式，可以直覺地透過滑鼠拖拉點按來操作，基本上只提供打字操作方式。而打字操作的介面是直接使用 Windows 內建的「命令提示字元」，以此為人機互動窗口，讓使用者能跟 Ollama 溝通，過程中透過 Windows 來往返傳遞訊息。

提到切換模型，是的，Ollama 可以下載多個模型，而不是只有一個模型，然後由使用者來決定切換使用哪一個模型。甚至 Ollama 也可以同時服務多個使用者，言下之意，不是只能用一個命令提示字元視窗來與 Ollama 內的模型互動，而是可以多個視窗來互動，或是讓網路上的其他電腦來與 Ollama 互動。

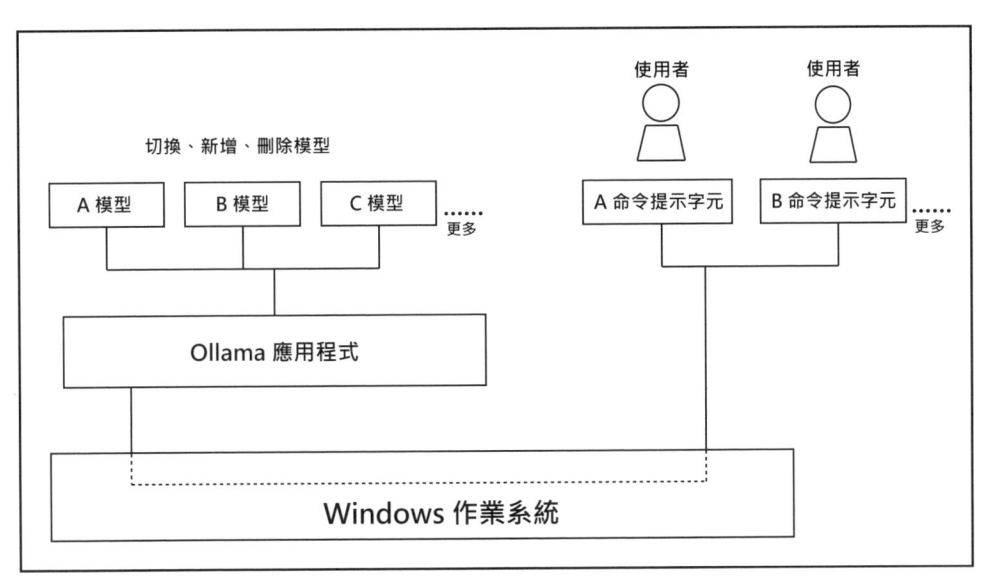

圖 2-24：Ollama 同時控管多個模型，服務多個使用者。
資料來源：作者提供

換句話說，Ollama 本身也是一個 LLM 伺服器的角色，可以想像成跟 ChatGPT 一樣，是個遠端服務的網站，允許同時多人上線與其互動，且相互不干擾。

　　至於為何 Ollama 的預設提示是要我們拉 llama3.2 這個大語言模型下來？原因單純是它是個空間佔量極小的模型，如前述約 2GB，幾乎任何電腦都能安裝執行。而 llama 系列的模型是臉書（Facebook）的母公司 Meta 所開發的，而且是開放原碼的 LLM，3.2 是指 3.2 版。

　　以上是我們快速讓各位建立本機端 LLM 的成就感，但還是有很多細節有待了解，例如如何讓 Ollama 跟 ChatGPT 一樣，可以針對不同話題分門別類地聊？可否長久保存文字訊息？應該下載哪個模型？如何讓模型的回應更精準等，這些將在後面的章節逐一說明。

03

Ollama 細部設定調整

　　上一章以最簡便的方式建立起本地端 LLM 後，本章以前一章為基礎進一步擴充說明，主要是「模型下載放置位置的變更」以及「加裝上較親和的使用者介面」兩個部分，使各位日後可以更便利地運用 Ollama。

3-1 找尋模型的放置位置

此前我們已經透過 Ollama 的命令列（黑視窗內打字）的方式下載（拉）一個模型來使用，即 llama3.2。但是這個模型放在電腦內的哪裡呢？對此，一般而言是在各位電腦的 C 槽硬碟中的以下路徑位置（見圖 3-1）。

更簡單來說，是在 C:\Users\xxx\.ollama\models\blobs\ 這個位置[1]，Users 其實就是指「使用者」資料夾[2]。中文版翻譯成「使用者」，若為英文版的 Windows，自然就是 Users。

由於使用者可能為不同人、不同帳號，筆者在此暫時挖去我自己的帳號名稱，而用 xxx 代替，xxx 可以是 Alice、可以是 Bob 等。而後是.ollama 的資料夾，該資料夾更下一層為 models 資料夾，然後又再下一層為 blobs 資料夾，LLM 的檔案其實就放在這個資料夾中。

進一步的，我們檢視該資料夾內的檔案，可以發現有個檔案的容量特別大，約有 1.29GB 左右，檔案名稱為 sha256-74701a8c35f6c8d9a4b91f3f3497643001d63e0c7a84e085bed452548fa88d45，那其實就是我們的 llama3.2 模型檔案。其他是 4 個僅有數 KB 的小檔案，是與該 LLM 相搭配的附屬檔案。

圖 3-1：Ollama 預設的模型安裝位置。

---

1 以「．」開頭的檔案或目錄（資料夾）名稱，在 Linux 中通常是希望隱藏的檔案或目錄。Ollama 雖然同時支援 Windows、Linux、Mac 等不同作業系統，但一些設計思維上是以 Linux 為主的，先撰寫開發完 Linux 版，隨即很快就改寫、移植出 Windows 版、Mac 版，故習慣上依然是有「．」開頭的目錄，只是這在 Windows 上是個可見的資料夾，而沒有採行與 Linux 相同的隱藏動作。

2 **資料夾（folder）** 較過往的說法稱為**目錄（dictionary）**，事實上在 Linux 或類 UNIX 的作業系統上依然稱為目錄，而一層又一層深入的資料夾（或目錄）也稱為**路徑（path）**。

3-2 為何要變更模型放置路徑？

了解 LLM 檔案放置的位置路徑後，後續我們將考慮改變模型的放置位置。為何需要改變放置位置？目前**預設**（default，或稱**默認**）的位置有何不妥嗎？

由於今日多數電腦已改用**固態硬碟（Solid-State Drive, SSD）**，入門款的筆記型電腦（簡稱筆電）、桌上型電腦（簡稱桌機）可能只有 256GB、512GB 的固態硬碟容量，在 256GB、512GB 的空間中已經安裝上 Windows 作業系統以及常見的 Office 辦公室應用程式等，再加上其他林林總總的軟體，估計已佔據大部分空間。

而我們下載一個 llama3.2 約佔用 1.29GB，但這其實是非常輕量（lightweight）的 LLM，其模型的參數量約 30 億個（寫成 3b，b 為 billion，參數量與檔案容量的對應關係，我們將在之後說明），一般而言，多數的本機端 LLM 為 70 億個參數（7b），甚至更多，70 億個參數的 LLM 需要佔用 3.5GB 至 7GB 左右的硬碟空間。

通常，我們會嘗試使用幾個 LLM，而不是只使用一個 LLM。倘若我們下載 5 個 7b 的 LLM（雖是 5 個，但 Ollama 同時間只能切換、選擇其中 1 個來運作），則有可能需要 35GB 容量來放置，6 個則可能要到 42GB 等，依此類推。

如此 256GB、512GB 的 SSD 很快會空間不夠，倘若該 SSD 又有部分容量切割，配置給另一個磁槽，如 D 槽，那 C 槽的轉圜空間就更嚴峻了。特別是 SSD 非常講究餘裕空間，餘裕空間若不足，SSD 的讀寫控制晶片會花更多時間來進行資料抹寫、搬移工作（此機理略為複雜，暫不展開詳述），SSD 的存取速度效率會明顯下降，而電腦整體效能表現很大程度是倚賴 SSD 的存取效率，故 C 槽空間過少絕非好事。

因此，我們可能需要改變模型的放置路徑，可能放置到 D 槽、E 槽、F 槽等其他儲存媒體上，可能是各位的另一顆 SSD，也可能是一個外接記憶卡、隨身碟、機械式硬碟等，總之讓 C 槽保有較寬裕的空間。

既然 C 槽實務上很快不夠用，那 Ollama 的程式開發者為何不一起頭就幫我們把模型的放置路徑安排在 C 槽以外的其他位置呢？因為程式開發者不

可能知道每個使用者的電腦配置狀況。對此或許可以在 Ollama 的安裝程序中加入提示，引導使用者選擇合適、寬裕的模型儲存位置，如此就可以一次就定位。但也會因此讓安裝程序繁瑣些，無法如第二章般快速簡便地完成安裝。

另外，也有可能各位的電腦硬體資源相當寬裕，例如 SSD 有 1TB 以上，那是不是佔用 C 槽就不是要緊的事，直接接受預設的安裝配置即可。因此我們說實務上很有可能需要變更模型的放置位置，理由在此。

3-3 變更模型放置路徑

　　如果各位真的有需要改變模型放置位置（特別是在初期我們要嘗試使用多種 LLM 時），就必須對 Windows 的「環境變數」進行設定。

步驟 1：

　　首先，叫出 Windows 的「設定」畫面（見圖 3-2），之後選擇「系統」中的「系統資訊」（見圖 3-3）。

圖 **3-2**：點擊視窗鈕，選擇「設定」（白框）。

圖 3-3：選擇「系統資訊」。

步驟 2：

然後，按下「系統資訊」中的「進階系統設定」（見圖 3-4）。

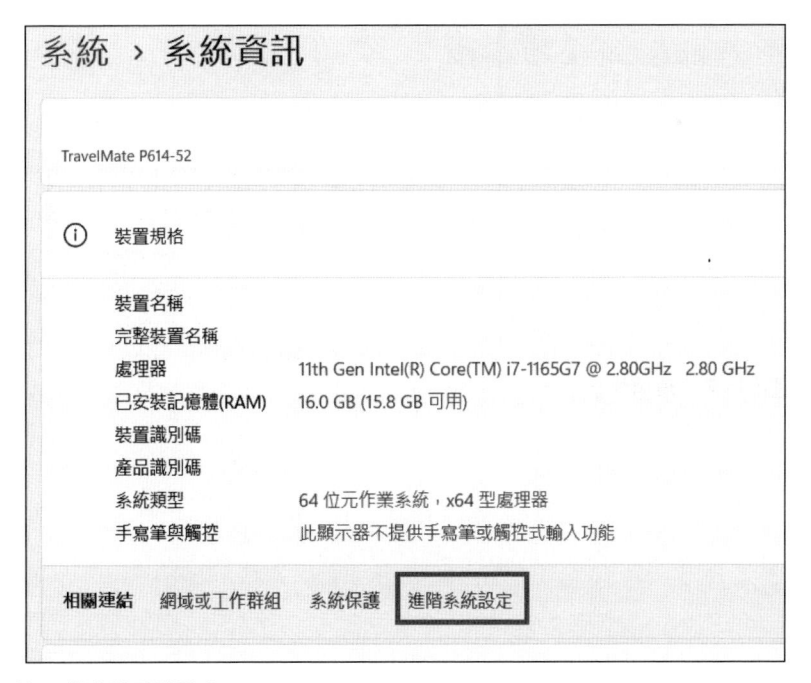

圖 3-4：按下「進階系統設定」。

03・Ollama 細部設定調整

步驟 3：

　　按下「進階系統設定」後,將進一步開啟「系統內容」,這時偏右下位置有個「環境變數」的按鈕,將其按下(見圖 3-5)。

圖 3-5：選擇按下「環境變數」。

步驟 4：

開啟「環境變數」的小視窗後，按下「新增」按鈕（見圖 3-6）。

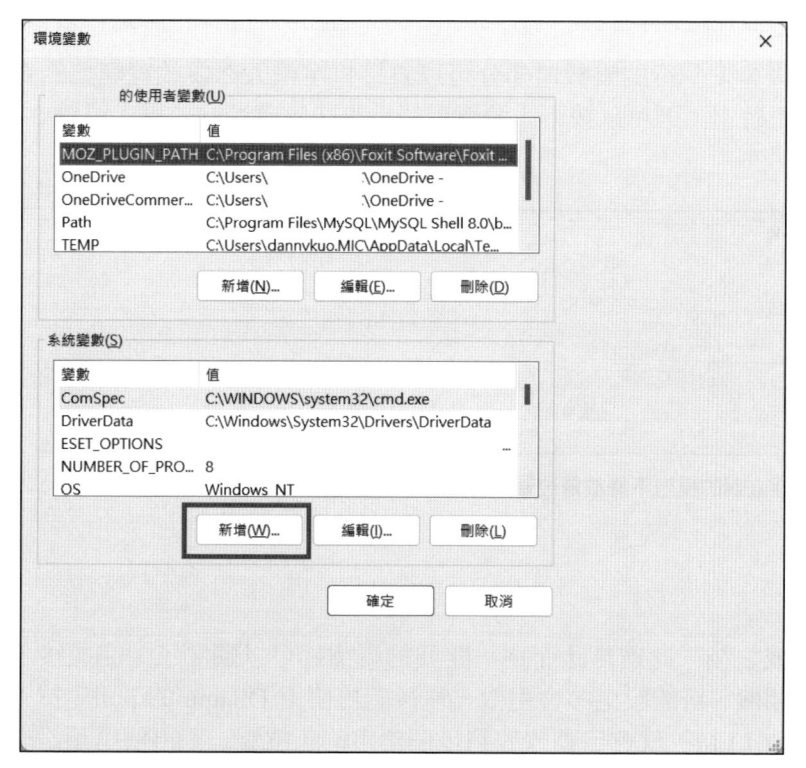

圖 3-6：準備新增一個新的系統變數。

步驟 5：

　　接著再開啟另一個「新增系統變數」的小視窗，這時需要在上一行親手打字，請打上「OLLAMA_MODELS」。雖然 Windows 作業系統不區分英文大小寫，但在這裡我們統一用大寫。另外，記得別漏掉打底線與最後的 S。

　　然後，下一行的變數值部分可以直接打字輸入你要放置模型的新路徑位置。若不確定，則可以按下「瀏覽目錄」來決定確切的位置（見圖 3-7）。

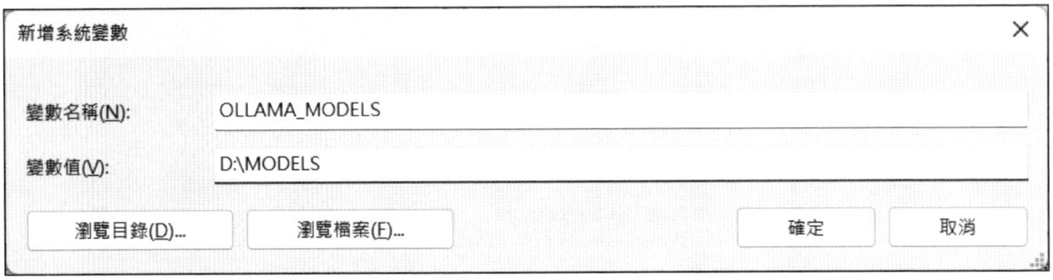

圖 3-7：建立新的模型下載放置位置。

步驟 6：

　　完成之後，此前為此而逐一開展的視窗都可以關閉了。完成後，電腦必須重新開機，新的設定才會生效。往後若再使用 Ollama 的 pull（拉）命令來下載其他 LLM，就會自動改放到這個指定的新位置，不再佔用預設的磁碟槽空間。

　　附帶一提的是，路徑一旦變更，原本安裝在 C 槽目錄的 LLM 檔案不會智慧性的跟隨轉移，建議可以用正規程序重新從網路下載、安裝一遍，直接將本來已經安裝的檔案進行手動搬移可能不是很穩當。

　　另外，即便剛才設定的「變數值」的目錄是打字輸入的，實際目錄尚未產生，Ollama 也會在後續下載新 LLM 時一併產生，不需要事先建立該目錄（資料夾）。

3-4 安裝網頁型使用者介面

除了變更 LLM 下載、放置的位置外,另一個重點是強化 Ollama 的使用者介面(或稱人機互動介面),因為在黑色小視窗內打字操作有些辛苦,此與 ChatGPT 的網頁型對話介面差距太大,且 ChatGPT 還能依據話題範疇建立起文字對話記錄,這在黑色小視窗介面上也是無法辦到的。

為此我們通常要為 Ollama 額外安裝使用者介面,目前較簡單的方式是在瀏覽器上加裝一個**延伸程式**(**extension**,其實與外掛程式 plug-in、add-on 等意思相近,或對岸稱為插件),如此就可以與 ChatGPT 一樣,在網頁畫面中以文字方式對話,並依據各主題展開對話。

作者以今日多數 Windows 電腦都有**內建**(**build-in**,或稱**預先安裝**,**pre-install**)的 Microsoft Edge 瀏覽器為例,而其他如 Chrome、Brave 等瀏覽器也都是類似的安裝程序,畢竟這些瀏覽器軟體都是以 Chromium 開放原碼專案為基礎所延伸發展成,延伸程式相互**相容**(**compatible**,或稱**兼容**)。

步驟 1：

　　首先開啟 Edge 瀏覽器，但網址列內輸入關鍵字「page assist」後按下「Enter」，通常會有圖 3-8 的畫面顯現。

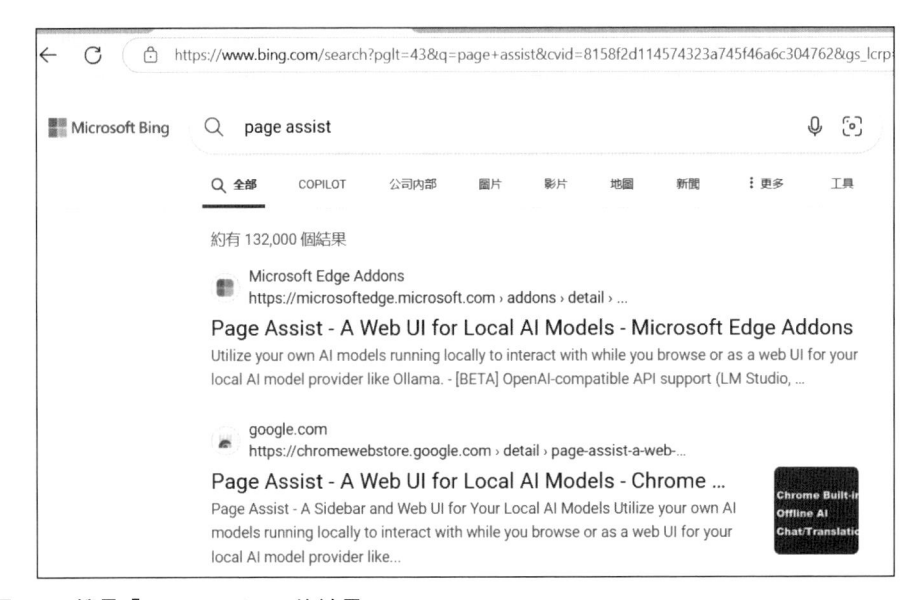

圖 3-8：搜尋「page assist」的結果。

步驟 2：

　　點擊第一個搜尋結果，隨即進入「Page Assist」的專屬頁面。其實這是在 Edge 附加元件的總線上應用程式商店內，接著按下偏右上角的「取得」，即可為 Edge 瀏覽器加裝「Page Assist」的延伸程式。

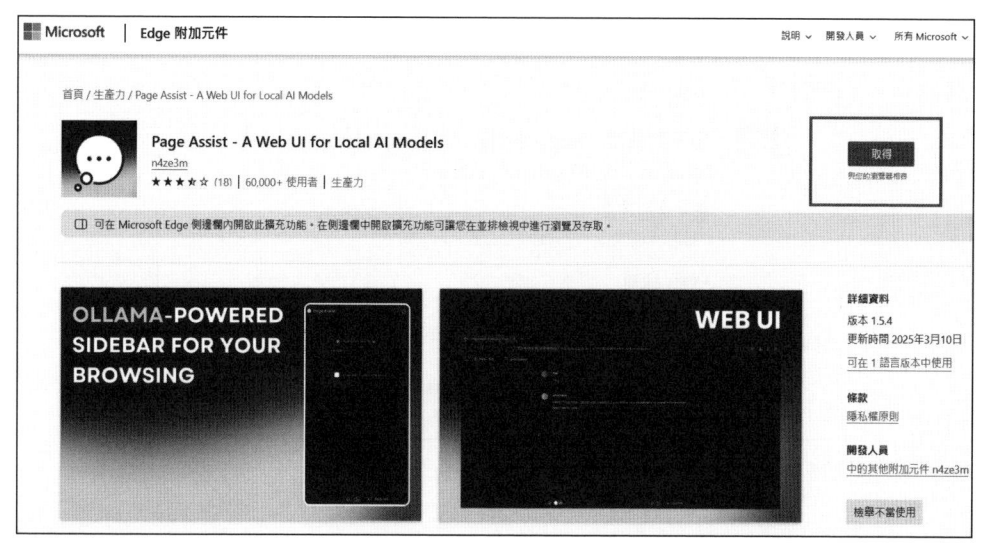

圖 3-9：按下「取得」。

步驟 3：

　　這時會額外浮出一個提示訊息，選擇按左邊的選項，即「新增擴充功能」（見圖 3-10），便完成安裝。這時 Edge 瀏覽器會再親切的提醒各位一下，若想對這個擴充功能（外掛、延伸程式、附加元件）進行更多設定，可以在 Edge 瀏覽器內選擇「設定」→「擴充功能」來設定（見圖 3-11）。

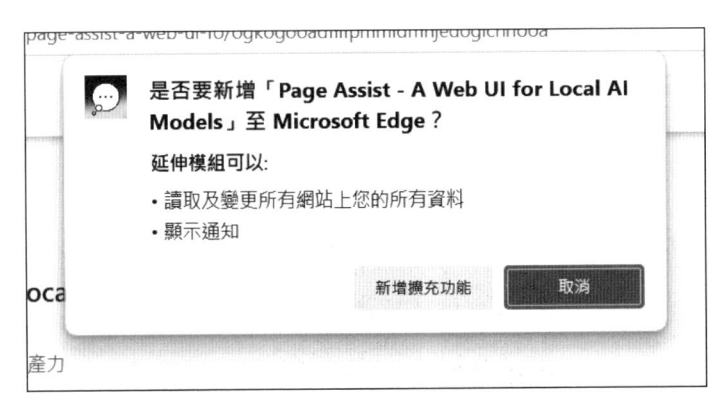

圖 3-10：選擇按下「新增擴充功能」。

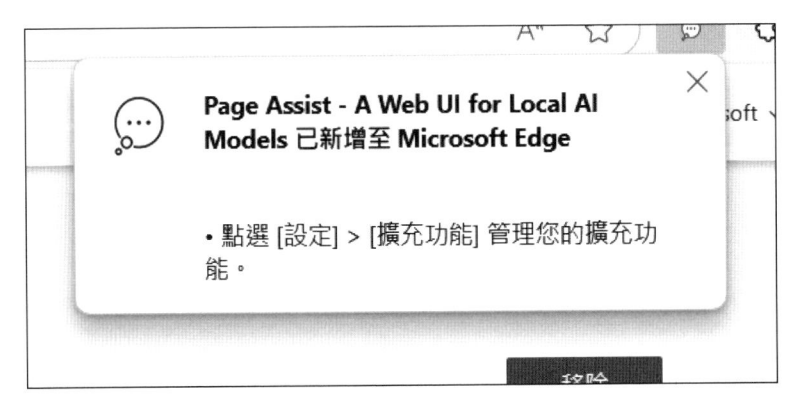

圖 3-11：Edge 瀏覽器提示畫面。

步驟 4：

進一步，作者建議各位直接把 Page Assist 釘在 Edge 瀏覽器畫面上，以便隨時可以使用。方法是在 Edge 瀏覽器網址列的右端有個「拼圖」圖示，滑鼠游標一到該圖示時，便會顯示提示文字「擴充功能」，點擊它後就會浮現「Page Assist」的選項，這時按下該選項右側的「圖釘」圖示，即可完成釘選（見圖 3-12）。

圖 3-12：把「Page Assist」直接釘選在瀏覽器主畫面上。

步驟 5：

　　釘選後可以發現網址列上出現一個新的小圖示，那即是「Page Assist」。這時檢查一下 Ollama 是否在執行，若沒有執行，記得重新啟動讓其執行。待確認有執行之後，再去按下「Page Assist」的圖示。

　　這時瀏覽器會帶入一個新的頁面，然後在畫面的正中央出現「Ollama is running」文字訊息，表示 Page Assist 已經與 Ollama 取得聯繫，後續與 Ollama 間的互動，都在這個網頁畫面中進行即可，不用再去開啟命令列視窗（見圖 3-13）。

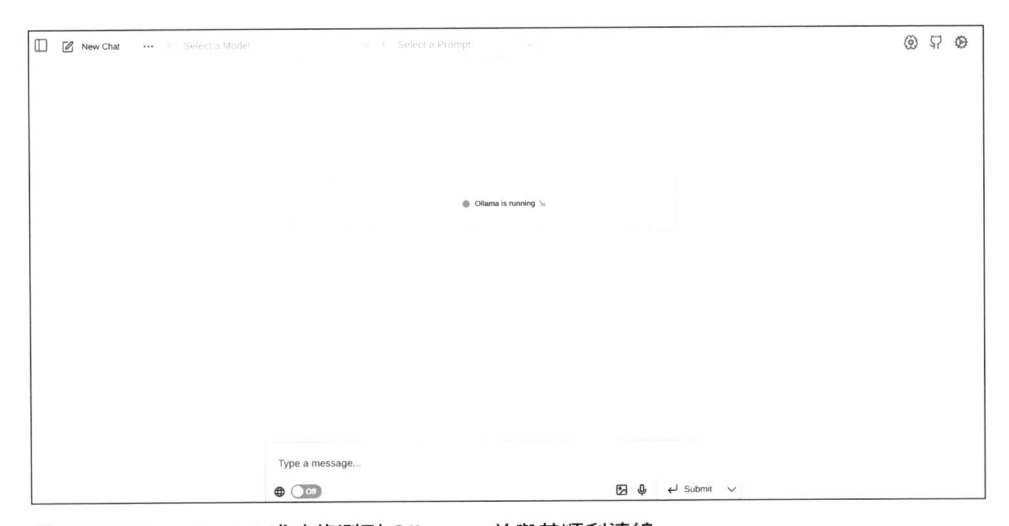

圖 3-13：Page Assist 成功偵測到 Ollama，並與其順利連線。

步驟 6：

　　接著我們去改變 Page Assist 的語言設定。預設是英文，但我們要將其改成繁體中文，作法是點擊 Page Assist 主畫面右上角的「齒輪」圖示（見圖 3-14），如此就會出現「General Setting」的設定畫面。把右上角的「Speech Recognition Language」選項改選成「中文（台灣）」，以及把「Language」選項改選成「繁體中文」（見圖 3-15），如此後續就能以中文畫面操作了（見圖 3-16）。

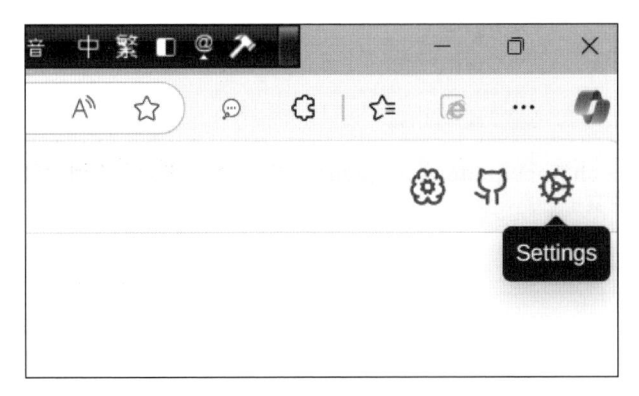

圖 3-14：選擇「齒輪」圖案。

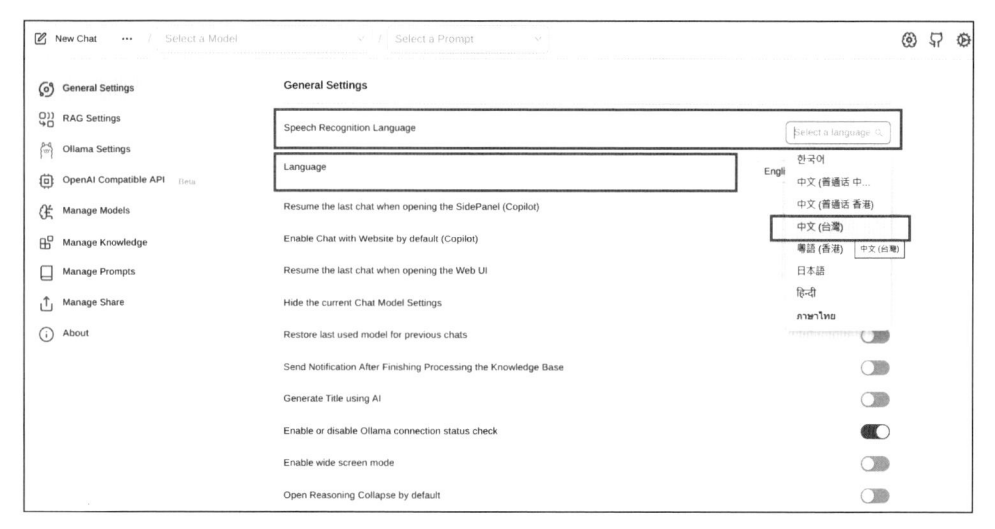

圖 3-15：把「Speech Recognition Language」與「Language」兩個選項都選成「台灣」、「繁體中文」。

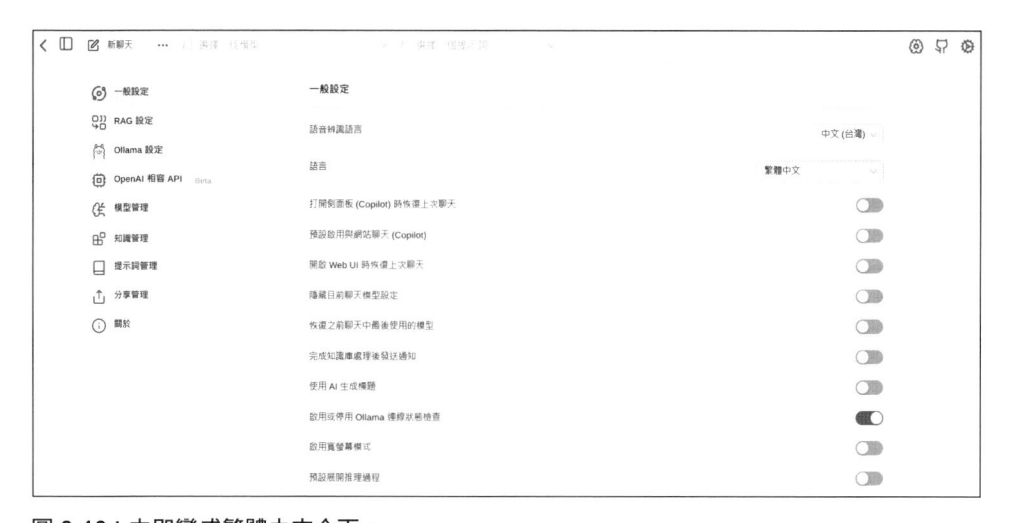

圖 3-16：立即變成繁體中文介面。

步驟 7：

設定完成後，按畫面左上角「<」的圖示，即可回到主畫面。後續就是在主畫面左上緣的選單位置選擇一個已安裝的模型，而後在主畫面下緣輸入文字，便可以獲得文字回應效果了。作者在這裡選擇了一個「gemma3:1b」模型，並打了一段文字「您好啊！」，gemma3 模型便在中間位置給我回應了（見圖 3-17）。

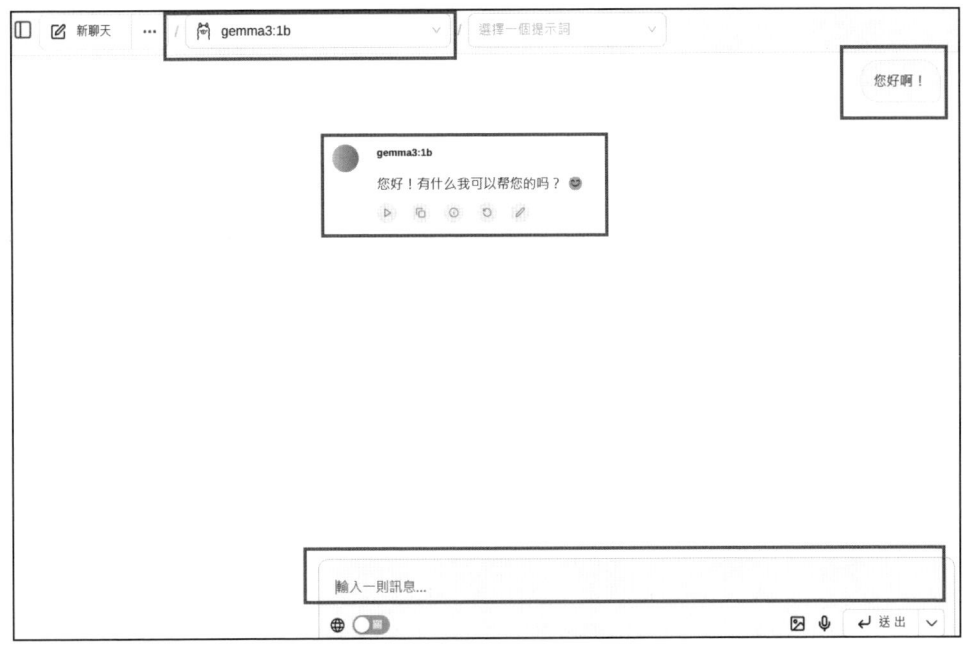

圖 3-17：開始用 Page Assist 與本機端的 LLM 進行文字對話。

後續當然還有許多操作，例如 LLM 找不到答案時，能否透過 Internet 連網找尋？如何檢視與管理已經安裝的模型、刪除模型（見圖 3-18），或者是管理對話議題、知識管理等，容後再述。

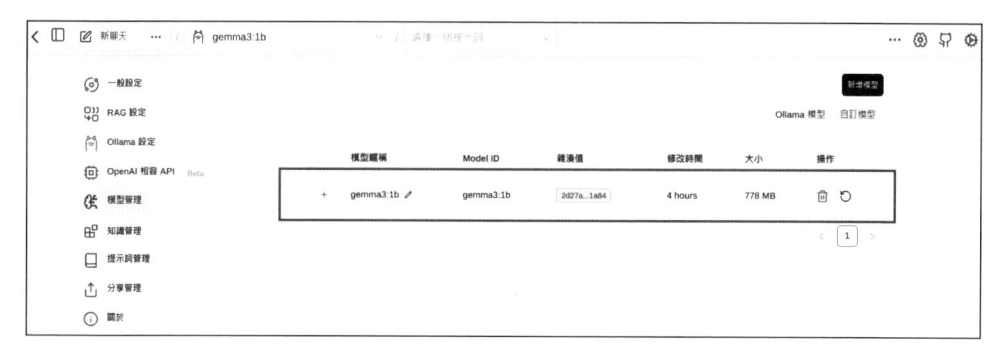

圖 3-18：選擇「齒輪」圖示後，再選擇左側的「模型管理」選項，就會列出目前所有已透過 Ollama 安裝的本機端 LLM。圖中黑框顯示目前僅安裝一個模型。

3-5　Ollama 操作介面更多說明

　　Page Assist 只是許多能與 Ollama 互動的程式之一，或說是一種溝通窗口，其他與 Ollama 一樣能起到溝通效果的軟體，還有 Open WebUI、AnythingLLM、Chatbox AI、Jan、AingDesk 等，推測未來會更多。

　　因為如前章最後所述，Ollama 本身可以看成是一個服務軟體，對外可對諸多窗口發送服務，命令列是一種窗口、Page Assist 也是，其他如 Open WebUI、AnythingLLM 等都是。

　　而作者之所以挑選 Page Assist 來說明，主要是安裝上最便捷且 Ollama 官方網站支援 Page Assist，其他軟體或多或少有些不合適，例如 Open WebUI 需要搭配 Docker Desktop on Windows 軟體才能運作，而能否安裝 Docker Desktop on Windows，還要事先檢查 Windows 是否已具備 **WSL（Windows**

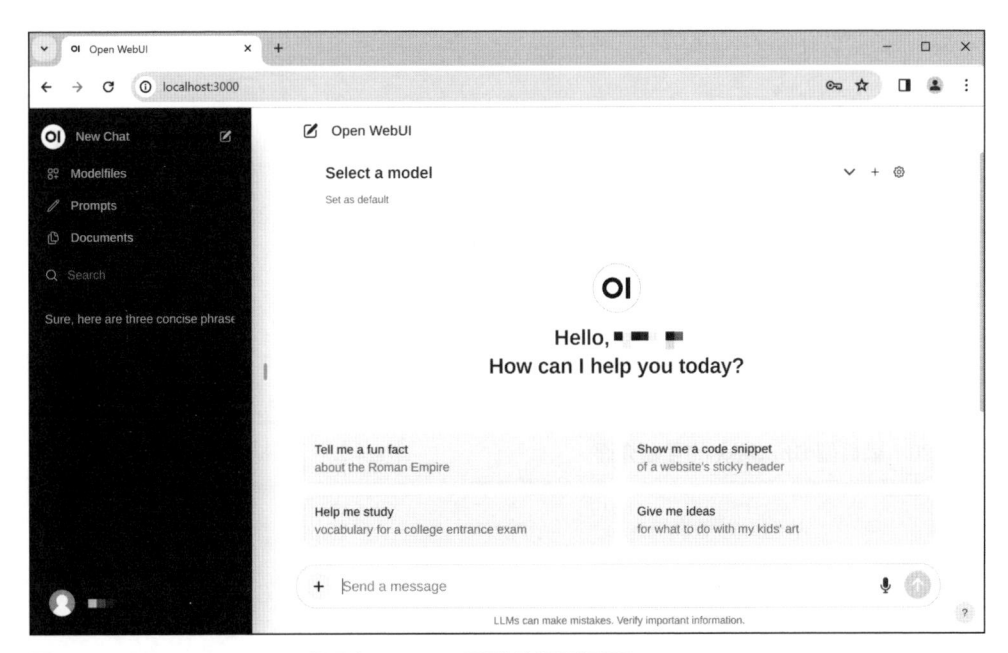

圖 3-19：以 Open WebUI 畫面與 Ollama 互動的網頁頁面。
資料來源：gpu-mart.com

Subsystem for Linux）等軟體元件，一樣要從網路拉（pull）下映像檔（image file）而必須學另一套命令列系統等，對一般使用者而言，顯得困難。除非本來就有管理虛擬化容器（container）經驗的資管系學生、資訊管理人員，作者才建議使用 Open WebUI [3]（見圖 3-19）。

或者 Chatbox AI 比較偏向收費服務，免費版的限制較大，不過 Chatbox AI 的安裝選項非常廣泛，有本機端安裝的 Windows 版、Mac 版、Linux 版、手機上安裝的 iOS 版、Android 版，或者是網頁版（見圖 3-20）等。

而 AingDesk 雖是免費但連外的搜尋引擎、LLM 串接對象等都較為限定，至 2025 年 3 月為止，多為中國大陸的搜尋引擎與 LLM 線上服務等。總之，均未有 Page Assist 的便利或代表性。

不過在此還是列一下上述這些搭配軟體的網址，有興趣者也可以搭配嘗試。

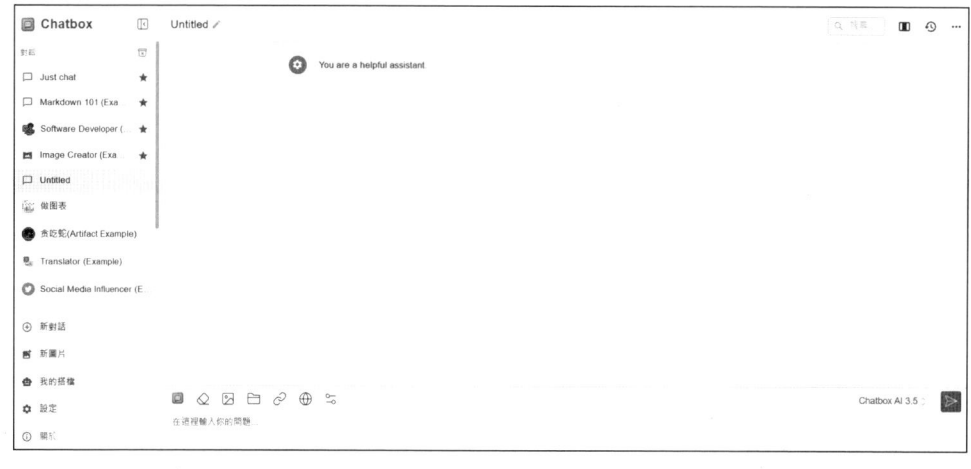

圖 3-20：網頁型 Chatbox 的互動介面。

---

[3] Open WebUI 需要透過 WSL、Docker Desktop on Windows 才能安裝的原因，在於 Open WebUI 是以 Linux 環境執行為主，WSL 是讓 Windows 具備與 Linux 相仿的執行環境，即欺騙 Open WebUI 你已處於 Linux 環境，使其能執行。

- Open WebUI
  https://www.openwebui.com/
- AnythingLLM
  https://anythingllm.com/
- Chatbox AI
  https://chatboxai.app/
- Jan
  https://jan.ai/
- AingDesk
  https://github.com/aingdesk/AingDesk

3-6 更新 Ollama 應用程式

稍微眼尖的使用者可能已經察覺到,至今為止,我們示範的 Ollama 都是 0.5 版左右。一般而言,軟體必須到 1.0 版才算是正式版,版本數字低於 1.0 版的,多帶有實驗性質,可能為開發團隊的內部測試版,也可能是初步釋出的公開外部測試版,通常會再持續改版。

而 Ollama 軟體設計上已經允許讓使用者輕易升級版本,只要用滑鼠右鈕點擊 Ollama 圖示,這時浮出的選單若有「An update is available」或「Restart to update」可選,就表示已經有更新版了,也表示你目前電腦裡安裝的 Ollama 並非是最新版,此時按下後即可執行更新。

要說明的是更新有好有壞,好處是支援新功能,甚至是某些模型必須是新版 Ollama 才能安裝,如作者以 0.5.12 版 Ollama 來下載安裝新的 gemma3 模型就顯示為失敗,並伴隨出現 Ollama 版本不支援的訊息,這時則需要升級 Ollama 版本(0.6.0),才能順利安裝。

所謂的壞處是新版不一定穩定,特別是尚未正式 1.0 版前的版本或其他過渡版本。因為新版可能會與電腦系統產生一些不可預知的錯誤動作或影響,如果你的電腦十分重要,還是建議在其他試驗性電腦上安裝 Ollama,或至少不要急於更新到最新版。

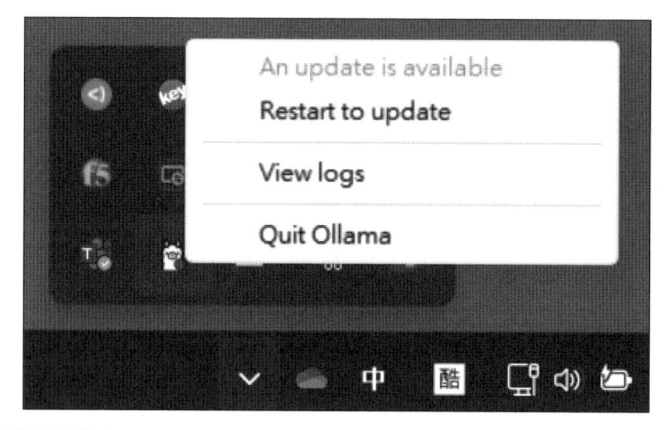

圖 3-21:選擇重新開機來更新 Ollama。

04

認知 Ollama 現行可用的模型

　　ChatGPT 走紅後，大語言模型如雨後春筍般出現，面對眾多的模型當如何評估選擇？選模型就如同選衣服一樣，總要看款式、搭配、花色等，而模型應當要看什麼呢？看下載的受歡迎度？發佈時間？還是參數量？以及如何計算模型在本機端的空間佔量等，均在此章進行說明，以利後續運用。

4-1 檢視 Ollama 官網的模型

要想選擇 LLM，先要知道有多少個模型可挑？有哪些類模型可挑？以 Ollama 官網而言，至 2025 年 3 月約有 161 種 LLM 可以挑選，且持續在增加中；而在模型的類型上，過往 OIlama 沒有分類，或只有兩類，而至 2025 年 3 月已有四類，以此推測，後續有可能會進一步細分。

至於如何檢視 Ollama 現有的模型清單，可在它的官網 https://ollama.com 上點選「Models」連結（見圖 4-1），或直接在瀏覽器的網址列輸入 https://ollama.com/search 即可（見圖 4-2）。

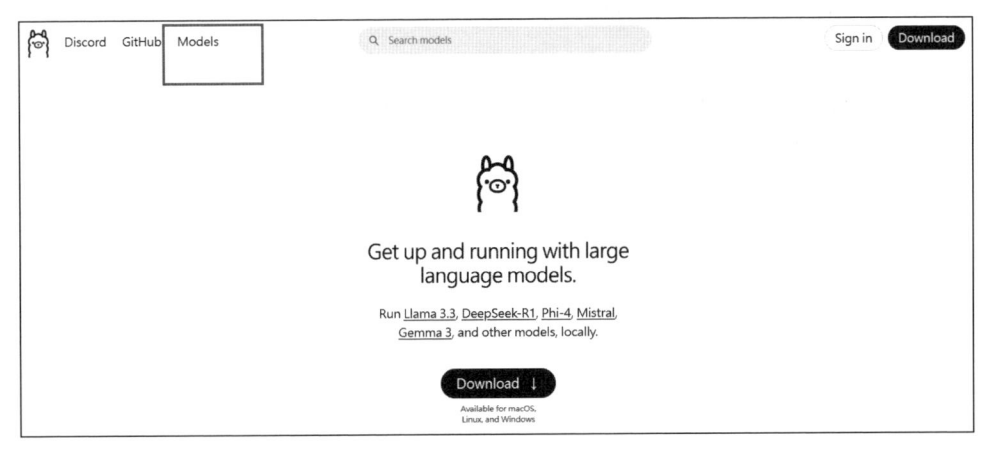

圖 4-1：點選 Ollama 官網網頁上緣的「Models」連結。

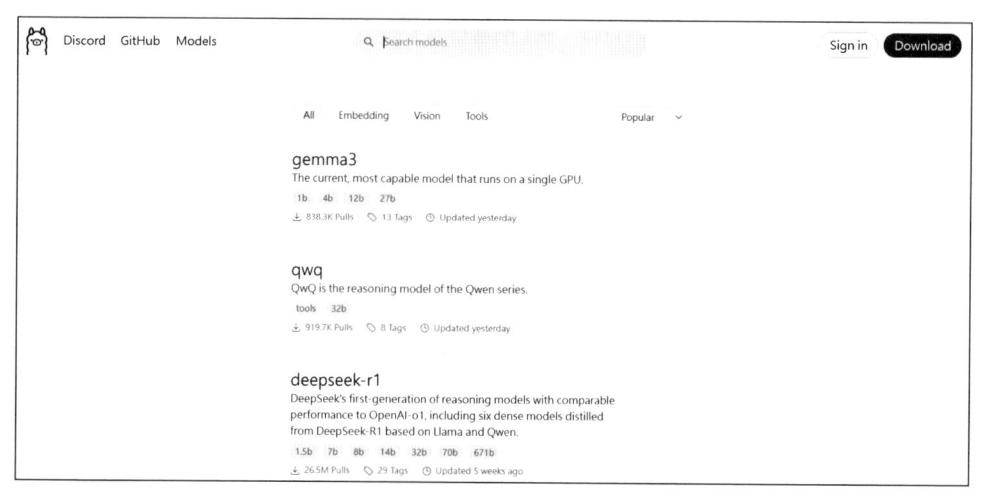

圖 4-2：出現模型列表，往下拉總計有 **161** 個模型可選。

　　由於模型眾多，Ollama 官網也提供簡易的篩選方式，那就是挑選最熱門的或是最新的，官網上在模型清單網頁內容的偏右上位置有個選單，可以選擇「Popular」或「Newest」[1]（見圖 4-3）。

---

1 其實過往官網提供三種排序，即 Most Popular、Newest、Featured（具特色的模型），但推測 Featured 需要人工審閱，不易用程式自動判定，故之後仍以 Popular、Newest 為主。

84

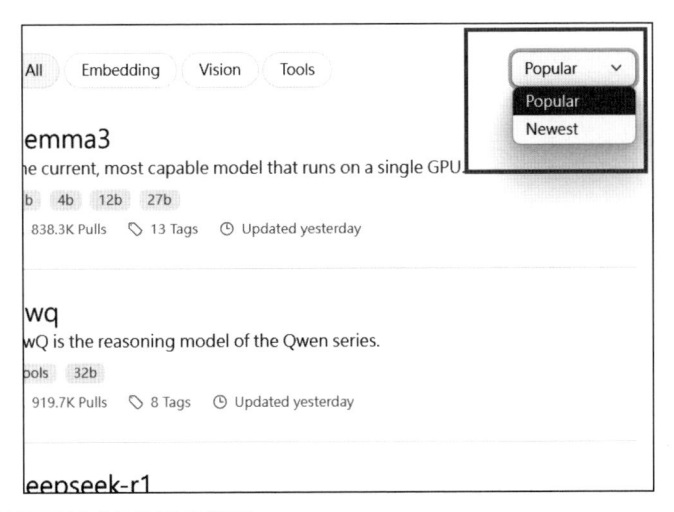

圖 4-3：選擇檢視最新或最熱門的模型。

　　選擇 Newest 就會把最新發佈的模型放置於偏上位置，而最舊的放在該網頁的最下方位置，需要將瀏覽器的垂直捲軸往下拉才能見到。事實上，即便是最舊的模型也是在 2023 年 10 月發佈，由此可知 LLM 的發展蓬勃迅速。

　　Newest 的排序自然是依據模型發佈到 Ollama 官網上的日期時間，至於 Popular 則是以模型被**下載（pulls）**的次數為依據進行排序。不過無論是 Popular 或 Newest，均有網友抱怨排序功能有時不太正確，反而產生誤導，此點必須注意。

如果以最新、最熱等方式不適用，也可以使用關鍵字搜尋的方式，在網頁內偏上方的位置可看到文字輸入列（見圖 4-4）。作者習慣輸入「Chinese」一字來搜尋，畢竟國人通常用中文文字交談，模型必須也支援中文才行。

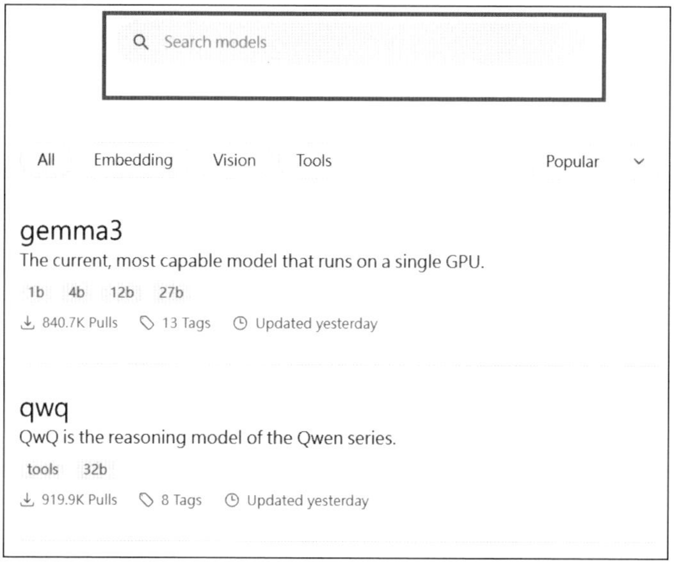

圖 4-4：運用關鍵字搜尋來找模型。

4-2　Ollama 官網的模型分類

眼尖的人或許已經發現，在模型列表的偏上位置已經有四個可點擊的字樣，分別是 All、Embedding、Vision 以及 Tools，這其實是模型的分類**標籤**（**tag**）。Ollama 目前把模型分成四類，一是完全沒有標籤的尋常 LLM；二是與尋常 LLM 搭配使用，從而實現檢索增強生成（RAG）的 **Embedding**（**嵌入**）模型，三是可輸入文字與圖像的多模態模型（多模態概念在第一章提過）；四是有些 LLM 已成為其他工具**呼叫**（**call**，對岸稱為**調用**）使用的模型[2]。

Ollama 網站上陳列的模型多會有分類標籤（淡紫色）與參數標籤（淡藍色），上述為分類標籤，而參數標籤除了顏色不同外，標籤文字多帶有 b 字母的數字，例如 0.5b、7b 等，此代表該模型有的參數版本，7b 表示該模型提供約 70 億個參數的版本，0.5b 則代表約 5,000 萬，以下作者以圖 4-5 為例說明[3]。

圖 4-5：llama3 模型與 qwen2.5 模型。

2　另一個網址也可以查詢到所有 Ollama 現行陳列的模型，即 https://ollama.com/library，但無法快速選擇分類標籤。
3　嵌入模型的參數量通常很小，通常以百萬為單位，即 m（million），例如 22m（2,200 萬）、33m（3,300 萬）等。

圖 4-5 有兩個模型，上方為 3.0 版的 llama（Facebook 的母公司 Meta 所訓練開發出的模型），下方為 2.5 版的 Qwen（Alibaba 所訓練開發出的模型，中文名稱其實是**通義千問（Tongyi Qianwen）**，簡稱 **Qwen**）。

其中 llama3 沒有任何的分類標籤，屬於尋常的 LLM。但有兩種主要參數版本，即 80 億版、700 億版；而 qwen2.5 方面則有 tools 分類標籤，屬於可被其他工具叫用的模型，並有七個主要參數版本。之所以說是「主要」，其實其詳整的參數版本必須看 Tags 那欄的資訊，後續我們會進一步說明。

由於本書的重點在於建立個人或家戶的本機端 LLM，給其他工具呼叫使用的模型已屬於偏組織、企業的進階運用，故不在此詳述，重點將放在 Embedding 與 Vision 上。若對工具類模型有興趣者，可以參看 Ollama 官網的進一步說明，網址為 https://ollama.com/blog/tool-support 。

另外，各位也可以在模型清單中看到每個模型已經被下載的次數，例如 llama3 已經被累積下載約 760 萬次（7.6M Pulls），有的模型比較不常被下載，單位就從 M 降成 K，例如 alfred，這個模型在 2025 年 3 月左右僅被累積下載 15.9K Pulls，即 1 萬 5,900 次左右，更少者則直接不帶 M、K 單位，如 938 Pulls 為 938 次。

進一步也可以檢視模型最近一次的上傳或更新時間，同樣以 llama3 為例，約是在 9 個月前上傳更新的（Updated 9 month ago）。如果想知道更詳細的日期、時間，可以直接把滑鼠游標移到更新時間的文字上方並保持不動，很快就會浮出進一步的時間，如 llama3 為 2024 年 5 月 21 日上午 4 點 54 分（以 Ollama 官網的系統時區為準）（見圖 4-6）。

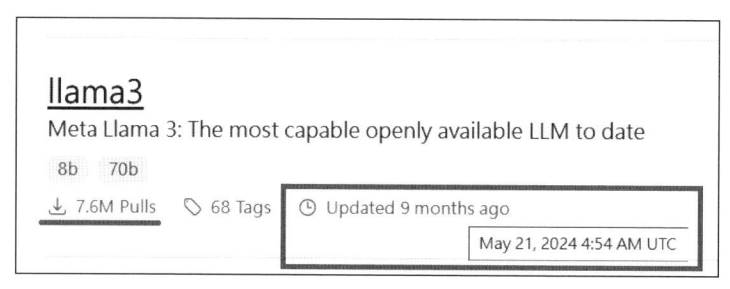

圖 4-6：llama3 模型累積下載次數與最近一次上傳更新時間。

以上是檢視模型上的制式資訊，但模型清單上也對各模型有簡單的文句描述，值得閱讀。例如 llama3 是很時興、功能強的開放模型，或 qwen2.5 是 Alibaba 運用多達 18 兆個 Token 所預訓練成的模型。對該模型發出詢問時，一次最高可輸入 128k 個（12.8 萬）Token，以及支援多模態輸入等。

至於 Token 這個詞，由於在本書各篇幅規劃中不易放入，但又是 LLM 中非常基礎的一項認知，故在此簡單說明。

其實 LLM 並不能認識人類交談書寫所用的字詞，而是把字詞轉換成 Token 再進行處理並給出答案，此一轉換並不一定是一對一的轉換，例如英文字 for 可能轉換成一個 token，英文字 the 也可能轉換成一個，但英文字 probabilistic 可能轉換成兩個，或有其他的對應轉換等。大體而言，人類所用的字詞越多，轉換出的 token 數也會越多，但可能略多或略少於人類所用的字詞。

必須了解 token 這個字詞的原因，是因為許多付費型的 LLM 服務是以 token 數進行計價，例如每一千個（K）token 或一百萬個（M）token 為一個計價單位。有的是輸入、輸出 token 數分別計價，有的則採合併計價。

以實例說明（見圖 4-7），OpenAI 的 OpenAI o1 服務將輸出與輸入分別計價，輸入每一百萬個 token 收費 15 美元，如果輸入的 token 已經被快取（Cached）過則可以折扣，每 1 百萬個只收 7.5 美元，結果的輸出每一百萬個收 60 美元。

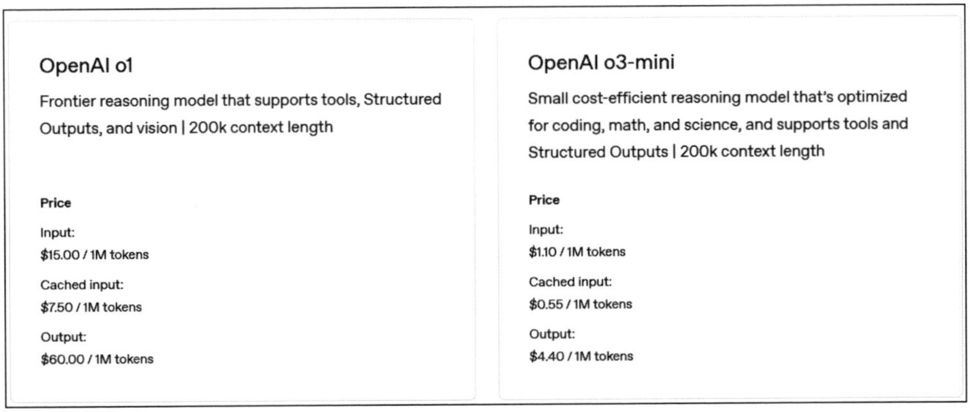

OpenAI o1	OpenAI o3-mini
Frontier reasoning model that supports tools, Structured Outputs, and vision | 200k context length	Small cost-efficient reasoning model that's optimized for coding, math, and science, and supports tools and Structured Outputs | 200k context length
Price Input: $15.00 / 1M tokens Cached input: $7.50 / 1M tokens Output: $60.00 / 1M tokens	Price Input: $1.10 / 1M tokens Cached input: $0.55 / 1M tokens Output: $4.40 / 1M tokens

圖 4-7：OpenAI o1 與 OpenAI o3-mini 計價。

至於 OpenAI o3-mini 是迷你版的線上服務，收費明顯便宜，輸入僅收 1.1 美元，快取到則只收 0.55 美元，結果輸出則為 4.4 美元。若想體驗一下人類文句會換算成幾個 token，OpenAI 也有提供線上服務可供體驗，網址 https://platform.openai.com/tokenizer（見圖 4-8）。不同的模型轉換成的 token 數也有些差異，OpenAI 表示 100 個字約等於 75 個 token。

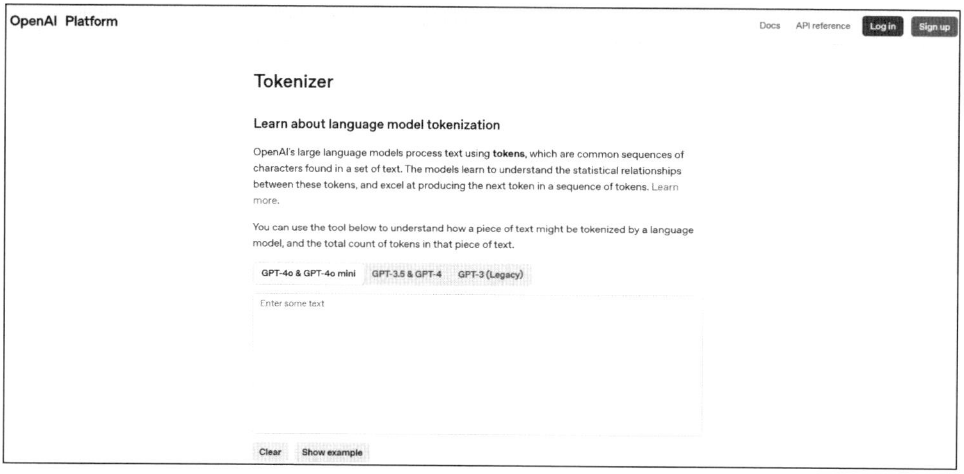

圖 **4-8**：**OpenAI** 提供線上把文字轉換成 **token** 的試算服務。

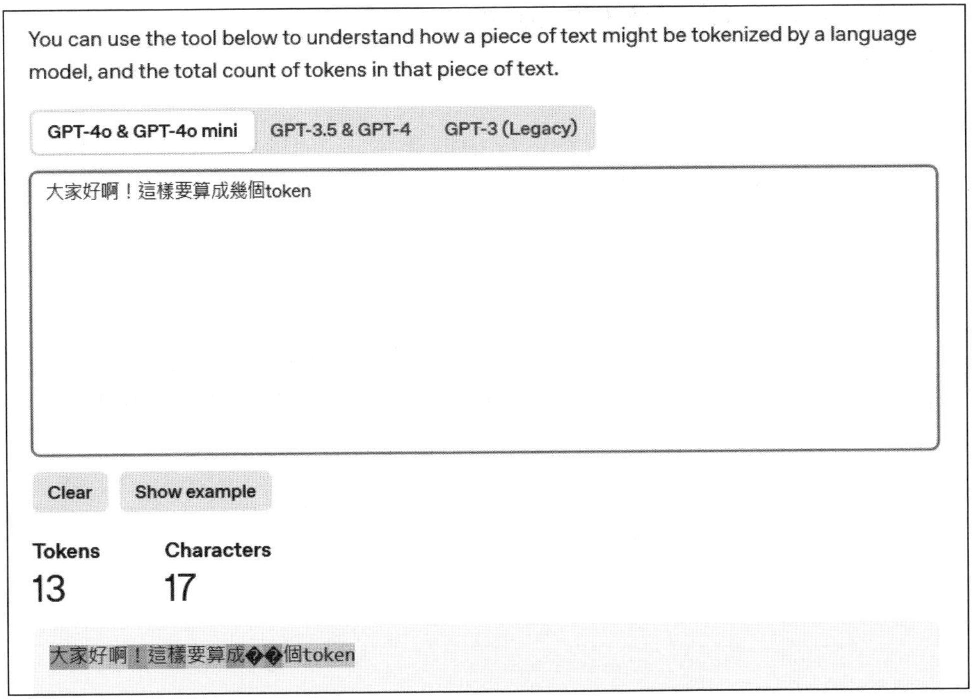

> You can use the tool below to understand how a piece of text might be tokenized by a language model, and the total count of tokens in that piece of text.
>
> [GPT-4o & GPT-4o mini] [GPT-3.5 & GPT-4] [GPT-3 (Legacy)]
>
> 大家好啊！這樣要算成幾個token
>
> [Clear] [Show example]
>
> Tokens　Characters
> 13　　　17
>
> 大家好啊！這樣要算成🔲🔲個token

圖 4-9：輸入的人類字元約 17 個，計算出的對應 token 數為 13 個。

附帶提兩點，一是 token 這個詞有太多不同的中文翻譯，如符元、代幣、權杖等，莫衷一是，且沒有明顯哪一個翻譯詞較為主流通用，故在此不強行翻譯；另一是 token 這個詞在資訊技術領域被重複運用，在資通訊安全領域被運用，在數位加密貨幣領域也被運用，在大語言模型領域也被運用，但三個領域所指的 token 都是截然不同的意思，切勿混淆。

雖然本書的重點在於自己架設與運用本機端 LLM，輸入與輸出的 token 都不需要花錢，但諸多本機端 LLM 軟體也允許額外呼叫外部的公眾線上 LLM 服務或企業專屬的線上 LLM 服務，因此依然必須對 token 一詞有所概念，否則收到高昂的帳單將大為震驚（稱為 bill shock）。

事實上過去確實有因為忘了節制 ChatGPT 回應答案的文字數量，例如請唸出六法全書全文，ChatGPT 便一股腦持續輸出，導致費用激增，故也有人在提出問句時順便加入「請在 300 字內回答」，以此來掌握、節制輸出結果（跟$）。

04・認知 Ollama 現行可用的模型　　91

4-3 細部檢視模型資訊

前面主要環繞在模型清單中的模型概要資訊，但每個模型用滑鼠點入後，則會進一步展開詳細的個別資訊，在此以之前已經下載安裝過的 llama3.2 為例來說明。

步驟 1：

各位可以先在前述的關鍵字搜尋中打 llama3.2，如此，llama3.2 模型就會浮到最上層，之後點擊「llama3.2」字樣便可進入（見圖 4-10、圖 4-11）。

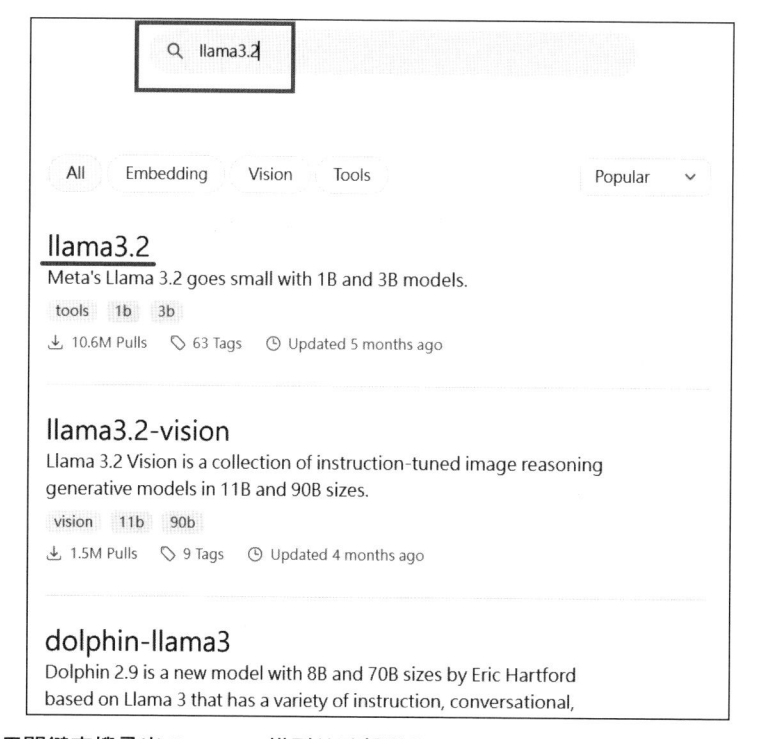

圖 **4-10**：用關鍵字搜尋出 **llama3.2** 模型並點擊進入。

圖 **4-11**：llama3.2 模型的詳細資訊頁面。

步驟 2：

　　進入頁面後，可以看到中上偏左位置的欄位寫著 3b，這表示這個模型有諸多的參數版本，但預設是使用 3b（30 億個）參數這個模型。

　　而在該欄位稍右的位置寫著 63 Tags，表示這個 llama3.2 模型有 63 種參數版本。想知道到底是哪 63 種，可以進一步點選 3b 該欄位的下拉式選單展開，而後點擊「View all」，即可看到（見圖 4-12、圖 4-13）。

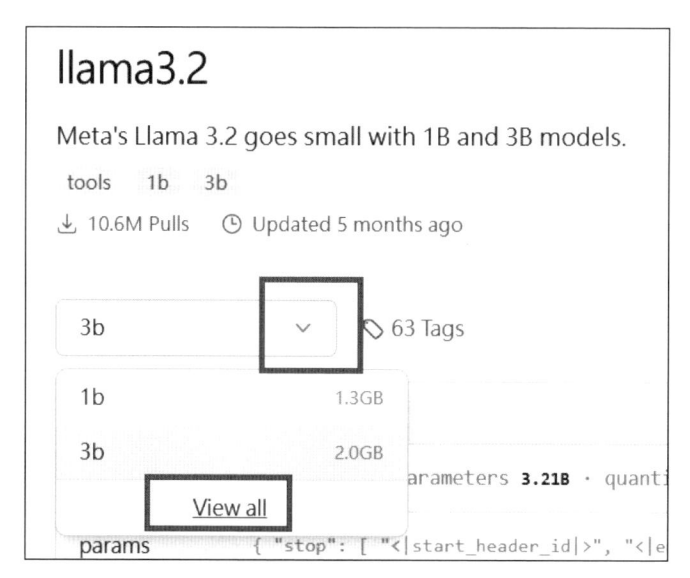

圖 **4-12**：展開選單後，只有主要參數版本立即顯露，想看所有參數版本需要點擊「View all」。

```
llama3.2
Meta's Llama 3.2 goes small with 1B and 3B models.
tools   1b   3b
↓ 10.6M Pulls    ⓘ Updated 5 months ago

63 Tags

latest
a80c4f17acd5 • 2.0GB • 5 months ago

1b
baf6a787fdff • 1.3GB • 5 months ago

3b
a80c4f17acd5 • 2.0GB • 5 months ago

1b-instruct-fp16
2887c3d03e74 • 2.5GB • 5 months ago

1b-instruct-q2_K
3718017cfd4e • 581MB • 5 months ago

1b-instruct-q3_K_L
1a709e91d2fb • 733MB • 5 months ago

1b-instruct-q3_K_M
```

圖 **4-13**：持續往下拉，共計有 **63** 個參數版本的 **llama3.2** 模型，**latest** 也必須算一個。

04 • 認知 Ollama 現行可用的模型   95

4-4 安裝指定參數版本的模型

進一步的，在 63 個參數模型中用滑鼠選按其中一個，在此以 1b-instruct-fp16 為例。點擊之後會發現頁面回到之前的頁面，但會發現畫面跟這之前（見圖 4-11）不同，黑框的部分即為不同之處（見圖 4-14）。

這時若對右邊黑框旁的雙方框符號點擊一下，而後在 Windows 上開啟一個記事本，並按下「Ctrl-V」，就可以看到此參數版本模型的完整具體名稱為 llama3.2:1b-instruct-fp16（見圖 4-15）。至於名稱前的「ollama run」字眼，其實是之前我們已經用過的命令列（小型黑色文字視窗）操作方式的命令文字，如果我們期望安裝這個參數版本的模型，就必須在命令列狀態中敲出「ollama run llama3.2:1b-instruct-fp16」然後按下「Enter」，以便讓 Ollama 自網路下載並安裝模型。

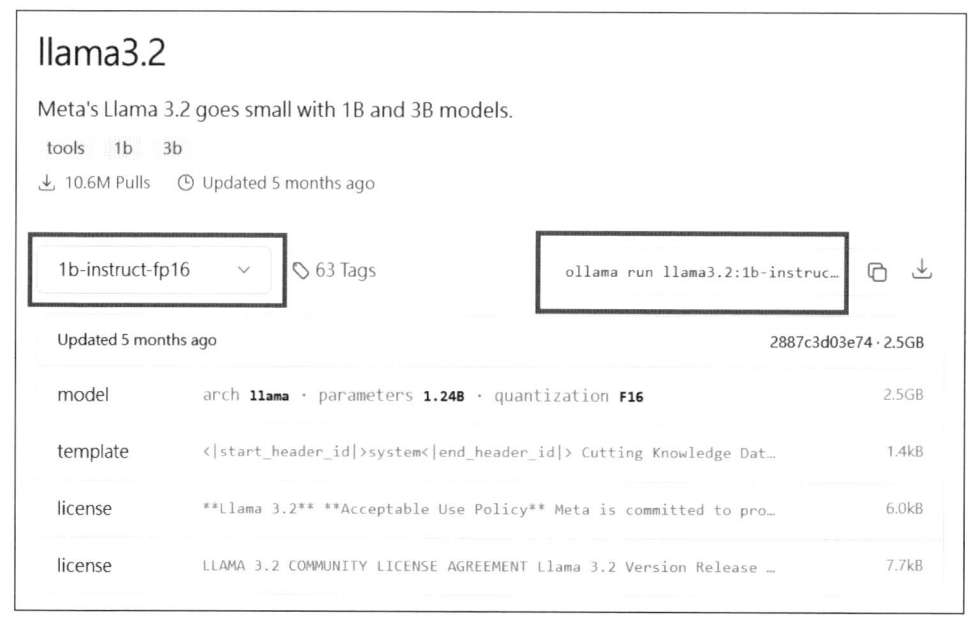

圖 **4-14**：選擇 **llama3.2** 的 **1b-instruct-fp16** 這個參數版。

不過,我們之前已經安裝了親和操作介面的 Page Assist,其實可以更直接按下更右邊的下載按鈕,就可以實行安裝,不需要再回去黑色視窗打字。之後 Page Assist 會出現兩次提示,都確認後,Page Assist 會顯示下載進度,直到 100%,即完成新模型的下載。

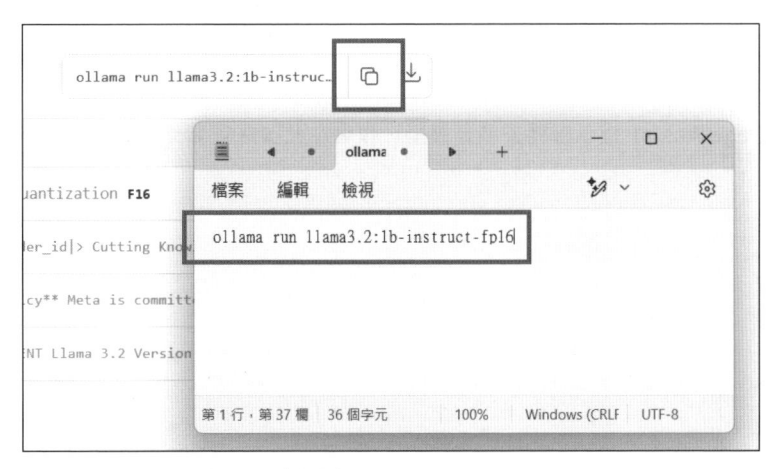

圖 4-15:觀看到特定參數版本的具體名稱。

圖 4-16:若有事先安裝 **Page Assist**,則可以直接按下下載圖示。

圖 4-17：**Page Assist** 提示即將安裝新模型，作者在此改成安裝比較輕量的 **qwen2.5:0.5b** 模型。

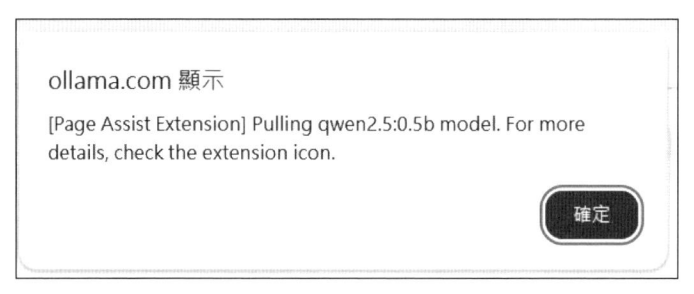

圖 4-18：Page Assist 提示正在下載中。

圖 4-19：瀏覽器上的 **Page Assist** 圖示會顯示下載進度，此處為 **59%**。

　　不過，作者還是建議想知道每個特定模型在 Ollama 的具體名稱，有時各位也可以直接在 Page Assist 程式中以輸入關鍵字的方式來搜尋模型，如此若已掌握特定模型的具體名稱，則搜尋起來將更有效率，或在出現問題時需要與他人溝通交流，也比較有具體依據。

圖 4-20：若是在 Page Assist 內先按下齒輪（設定）符號，而後下拉「模型管理」選單，然後按下「新增模型」。

圖 4-21：在 Page Assist 手動新增模型時，也是要輸入模型名稱的，這時前述的完整名稱即可派上用場，讓 Page Assist 快速正確地下載、安裝模型。

　　要提醒的是，這些模型名稱並非是放諸四海皆準的，只是在 Ollama 官網上，這樣的模型名稱可以做到獨一識別的效果，到了其他 LLM 網站上，有可能是另外一個相近的名稱。

　　除了掌握模型名稱、參數版本、用命令列或 Page Assist 下載模型外，個別模型網頁下方也有各種質性的資訊（見圖 4-22），即是對該模型的更進一步詳整介紹。每個上傳模型的人有各自不同的發揮寫法，資訊可能多、可能少、可能豐富完整、也可能缺漏，沒有一定的標準，僅供參考。

04 • 認知 Ollama 現行可用的模型　　99

> Readme
>
> ∞ Meta
>
> The Meta Llama 3.2 collection of multilingual large language models (LLMs) is a collection of pretrained and instruction-tuned generative models in 1B and 3B sizes (text in/text out). The Llama 3.2 instruction-tuned text only models are optimized for multilingual dialogue use cases, including agentic retrieval and summarization tasks. They outperform many of the available open source and closed chat models on common industry benchmarks.
>
> ## Sizes
>
> ### 3B parameters (default)
>
> The 3B model outperforms the Gemma 2 2.6B and Phi 3.5-mini models on tasks such as:
>
> - Following instructions
> - Summarization
> - Prompt rewriting
> - Tool use
>
> ```
> ollama run llama3.2
> ```

圖 4-22：針對 llama3.2 模型的更多介紹與說明。

　　關於「具體參數版模型的名稱」也補充一點，前面提到 latest 也算一個參數版，在具體名稱上只寫出模型名稱而沒有帶參數數字的，即是 latest 版。或者要加個冒號與 latest 字樣，也是指 latest 版。以 llama3.2 為例，在命令列操作時，打 ollama run llama3.2 或者是 ollama run llama3.2:latest，意思是一樣的。

　　至於 latest 版的參數量是多少，其實通常就是預設版的參數量。llama3.2 的預設版為 3b（點按該個別模型頁面時，第一次顯露的參數數字），預設版的參數量可能多過其他參數版，也可能低於其他參數版，並不一定。

4-5 計算模型的佔量與評估建議

接著來，了解一下模型下載後到底會佔據硬碟多少空間？雖然 Ollama 官網已經寫出各參數量的模型的下載佔量，但其實也可以透過概略的計算自主掌握，特別是其他網站沒有明確標示容量時，也可以自己拿捏推算。

同樣以 llama3.2 為例，在個別模型的詳整資訊頁面（見圖 4-23）中可以看到 3b 參數版本（最左邊的黑框），其實也是個概略描述，更具體的參數量其實是 32.1 億個（中間偏左的黑框）。而後每個參數其實是量化成 4 位元（4-bit），在資訊頁面中是寫 Q4_K_M（中間偏右的黑框），最後可以看到頁面具體寫此模型約佔量 2.0GB（最右邊的黑框）。

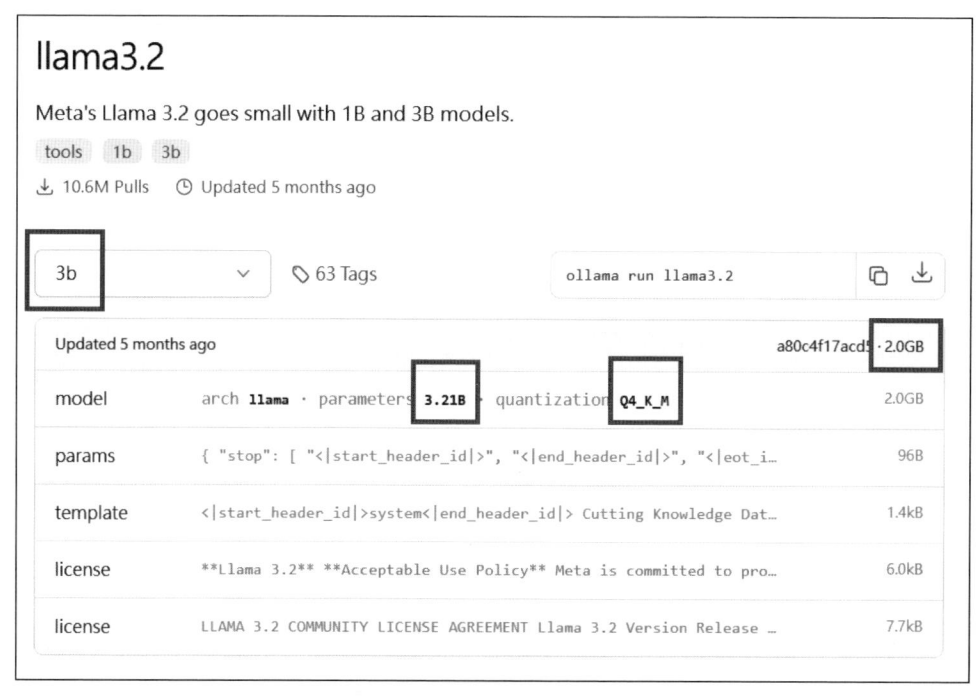

圖 4-23：具體參數量與模型空間佔量等資訊。

如果是 40 億個參數的模型，且每個參數的量化為 8-bit（即一個位元組），那麼這個模型大致會是 4GB 空間佔量，可能多一些或少一些，但大致是 4GB。而此例是 32.1 億個參數，若量化也為 8-bit，則將佔有 3.2GB 的容量，但因為是 4-bit，因此應只有 1.6GB，加上其他資訊等，故為 2GB。簡言之，模型容量的大小與參數量、參數的量化位元數有關，兩者相乘即可獲得大致的掌握。

　　本章最後還要討論一個課題，即應該要下載多大參數量的模型？此取決於各位擁有的電腦效能與儲存空間；如果電腦有高效能的**中央處理器（Central Processing Unit, CPU）**，或有加裝獨立的**繪圖處理器（Graphics Processing Unit, GPU）**，或有近一、二年開始倡議的**神經網路處理器（Neural Processing Unit, NPU）**，則可以選擇中等規模的模型，例如 7b（70 億）上下的模型，以確保你的文字問題能在短短幾秒內得到回應。

　　如果電腦規格比較入門初階，作者建議先從 1b、2b 上下的模型開始嘗試，如此一樣能在幾秒內快速獲取回應。當然！如果你是一個很有耐心的人，一個文字詢問可以接受電腦 30 秒、1 分鐘後才給予回應，也是可以拿一般電腦去安裝、執行 7b 左右參數量的模型。

　　至於比 7b 更龐大的模型，通常建議安裝在比一般電腦規格更強悍的**工作站（workstation）**或**伺服器（server）**上執行，那已是專業領域或企業領域，可能要串接多部伺服器才能順暢執行。

　　另外，新的電腦會標榜自己在 AI 推論上的效能，例如 Microsoft 認為今日的 AI PC（指對人工智慧具有較佳處理能力的個人電腦）應有 40 TOPS（Trillion Operations Per Second）效能，此通常是指參數量化為 8 位元整數時，每秒可以執行 40 兆次，如此亦適合執行 7b 上下的模型。

　　至於參數多的模型與參數少的模型，在回話的智慧程度就有差異。一般而論，參數多的模型比較能掌握發問者的問題重點，並給予相對準確的回覆。雖然如此，我們依然需要量力而為，以現有電腦規格或未來預算內可採購的電腦規格為依據，選擇適當參數量、適當回應速度的模型，不需要過度勉強，畢竟 LLM 仍持續積極發展中。後續的新模型極大可能以更少參數量達到相同，甚至更高的智慧效果，如此之前的預期硬體投資就有些白費了。

05

Ollama 現行主要模型認知

　　面對 Ollama 官網上羅列的眾多模型，若過往未曾密切關注模型的發展動向，恐怕一時之間也會有選擇無力、選擇困難等困擾，到底哪些模型源起於何？是否適合運用？本章將對較知名、較普遍性的模型進行更多說明，以利各位後續運用模型。

5-1 開放與封閉的模型

首先必須說，會在 Ollama 網站上出現的模型大體都是**開放的模型**，**封閉的模型**（或稱**專屬模型**、**業者專屬模型**）通常不會出現，例如 OpenAI 的 GPT-3.5 系列以上（即包含後續的 GPT-4、GPT-4o 等）的模型均為封閉的，而 Google 的 Gemini 系列也為封閉的，或伊隆馬斯克（Elon Musk）成立的 AI 新創公司 xAI 所開發出的 Grok 系列模型也是封閉的。

相對的，有些模型是開放的，例如 Meta 的 Llama 系列為開放的，Microsoft 的 Phi 系列也是開放的，Google 的 Gemma 系列也是開放的，或者 2025 年 1 月開始展露的 DeepSeek 系列模型也是開放的。

不過開放並不意味著全部開放，以 DeepSeek 為例，僅開放模型的**權重（weight）**部分，**程式碼（code）**沒有全部開放，僅部分開放，未開放的部分僅以技術文件中的描述概略說明。

由於有太多人工智慧模型標榜「開放」，實際上卻僅有少部分資訊揭露，故 2024 年 3 月 Linux 基金會提出**模型開放框架（The Model Openness Framework, MOF）**，主張模型有 17 個可揭露的部分（見圖 5-1）。依據揭露程度的不同也應當對模型的開放程度進行分級，而並非僅少許開放便宣稱自身為開放，避免所謂的**洗白式開放（openwashing）**。

專屬、封閉的模型自身是開發商認為自己的模型有獨到之處，為了避免競爭者模仿追趕而不開放，同時期望透過專屬模型的服務加以收費營利，雖也提供免費服務，但有其限度，會與收費性服務間有所區隔。免費服務多半只是開發商為了模型的後續改進提升，開放些許**資料集（dataset，數據集）**的收集管道，以利累積新訓練所需的資料。

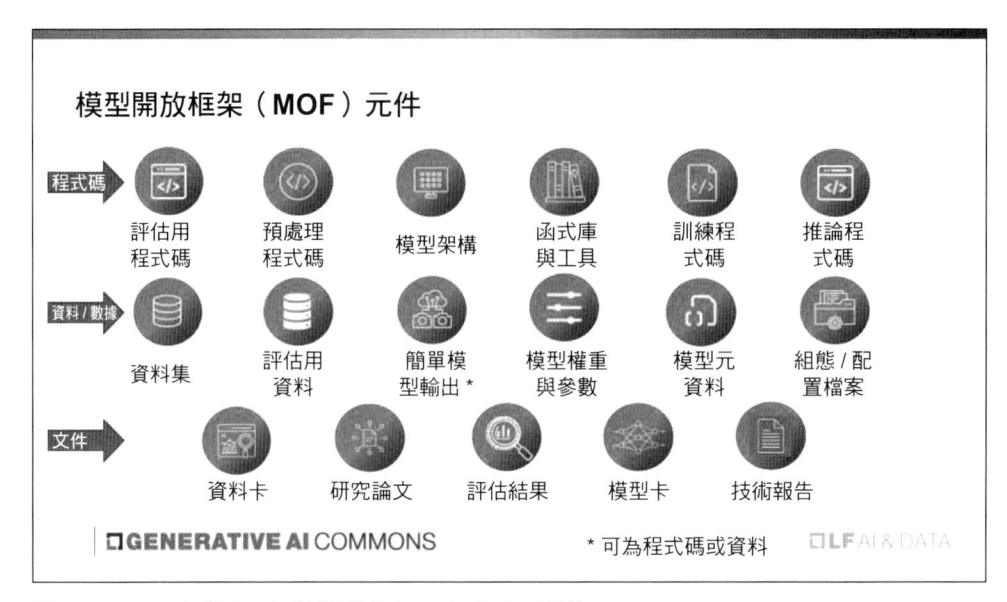

圖 5-1：MOF 主張人工智慧模型中有 17 個部分可開放。
資料來源：作者提供

　　如此看來，封閉、付費的模型表現會比開放、免費的模型好，但也有人工智慧領域的研究專家認為，開放的模型已逐漸追趕上封閉模型的表現，兩者的表現落差在縮小中。例如 Meta 的人工智慧科學長（Chief AI Scientist）楊立昆（Yann André Le Cun，法國人）即認為，DeepSeek 的崛起意味著開放的模型正在超越專屬模型。

　　無論如何，本書以家庭、個人用戶自建本機端大語言模型為出發，在個人、家戶預算有限下，當以開放、免費的模型為主。若是付費自然連自行架設都不用，可以直接購買廠商提供的線上服務，故不在此論。

5-2 檢視 Ollama 模型

之前的章節已對 Ollama 上陳列的模型當如何初步了解進行說明，但即便如此，面對上百個模型也是難以選擇的，故有部分進一步深入說明。作者以 2025 年 3 月的陳列模型為準，Ollama 上計有 161 個模型，尋常類模型 113 個，**嵌入模型**（或稱**文本嵌入模型**，協助實現 RAG）9 個，可供工具呼叫的模型 31 個，以及可視覺性輸入的模型 8 個。

完整的模型清單或許該放於附錄，但為了後續說明，希望讀者能快速掃過並留下些許印象，以便後續說明時能快速呼應、對應，從而加深了解，故直接在此列出清單。

表 5-1：Ollama 官網模型清單

分類	模型名稱
尋常類 （未有分類標籤）	alfred
	aya
	bespoke-minicheck
	codebooga
	codegeex4
	codegemma
	codellama
	codeqwen
	codestral
	codeup
	dbrx
	deepscaler
	deepseek-coder
	deepseek-coder-v2
	deepseek-llm

（接下頁）

表 5-1：（續）

尋常類 （未有分類標籤）	deepseek-r1
	deepseek-v2
	deepseek-v2.5
	deepseek-v3
	dolphin3
	dolphincoder
	dolphin-llama3
	dolphin-mistral
	dolphin-mixtral
	dolphin-phi
	duckdb-nsql
	everythinglm
	exaone3.5
	falcon
	falcon2
	falcon3
	gemma
	gemma2
	gemma3
	glm4
	goliath
	granite3-guardian
	granite-code
	internlm2
	llama2
	llama2-chinese
	llama2-uncensored
	llama3

（接下頁）

表 5-1：（續）

尋常類 （未有分類標籤）	llama3-chatqa
	llama3-gradient
	llama-guard3
	llama-pro
	magicoder
	marco-o1
	mathstral
	meditron
	medllama2
	megadolphin
	mistrallite
	mistral-openorca
	neural-chat
	nexusraven
	notus
	notux
	nous-hermes
	nous-hermes2
	nous-hermes2-mixtral
	nuextract
	olmo2
	openchat
	opencoder
	openhermes
	open-orca-platypus2
	openthinker
	orca2
	orca-mini

（接下頁）

表 5-1：（續）

	phi
	phi3
	phi3.5
	phi4
	phind-codellama
	qwen
	qwen2-math
	r1-1776
	reader-lm
	reflection
	sailor2
	samantha-mistral
	shieldgemma
尋常類 （未有分類標籤）	smallthinker
	smollm
	solar
	solar-pro
	sqlcoder
	stable-beluga
	stable-code
	stablelm2
	stablelm-zephyr
	starcoder
	starcoder2
	starling-lm
	tinydolphin
	tinyllama
	tulu3

（接下頁）

表 5-1：（續）

尋常類 （未有分類標籤）	vicuna
	wizardcoder
	wizardlm
	wizardlm2
	wizardlm-uncensored
	wizard-math
	wizard-vicuna
	wizard-vicuna-uncensored
	xwinlm
	yarn-llama2
	yarn-mistral
	yi
	yi-coder
	zephyr
嵌入（embedding）	all-minilm
	bge-large
	bge-m3
	granite-embedding
	mxbai-embed-large
	nomic-embed-text
	paraphrase-multilingual
	snowflake-arctic-embed
	snowflake-arctic-embed2
工具（tools）	athene-v2
	aya-expanse
	command-a
	command-r
	command-r7b

（接下頁）

表 5-1：（續）

工具（tools）	command-r7b-arabic
	command-r-plus
	firefunction-v2
	granite3.1-dense
	granite3.1-moe
	granite3.2
	granite3-dense
	granite3-moe
	hermes3
	llama3.1
	llama3.2
	llama3.3
	llama3-groq-tool-use
	mistral
	mistral-large
	mistral-nemo
	mistral-small
	mixtral
	nemotron
	nemotron-mini
	phi4-mini
	qwen2
	qwen2.5
	qwen2.5-coder
	qwq
	smollm2
視覺（Vision）	bakllava
	granite3.2-vision

（接下頁）

表 5-1：（續）

視覺（Vision）	llama3.2-vision
	llava
	llava-llama3
	llava-phi3
	minicpm-v
	moondream

資料來源：Ollama 官網

　　簡單檢視過，各位會發現工具類模型的名稱字眼與尋常類相似，這如之前的章節所言，因某些模型已開始有人以工具方式呼叫使用，故衍生出工具版。有關嵌入類我們將在 RAG 相關的章節再行說明，視覺類也另有說明，重點將放在尋常類。

　　尋常類若簡單視覺掃過一遍，將可以發現許多模型名稱是近似的，其實就是相同模型的新改版進化，例如 gemma、gemma2、gemma3 等，或者是一些衍生版模型，如 llama3、llama3-chatqa、llama3-gradient 等。

　　要注意的是，衍生版不一定來自原創開發者、開發商，可能是第三方（開放者第一方，使用者第二方，非官方開發者第三方）以原創開發者公開的模型再行發展成，但也可能是原創者自己另行衍生。

　　由於無法逐一說明各個模型，本文以 7 個較知名的系列模型進行簡述，使各位盡快掌握現行主要模型的重點，更詳細的說明可參看各模型的解說頁面。

5-3 Mistral 公司的 Mistral 系列

在 OpenAI 因 ChatGPT 而快速竄紅後，各界也開始關注是否有其他如 OpenAI 般的潛力新創，特別是 Microsoft 已投資 OpenAI 達 100 億美元，並締結獨家合作協議，致使 Microsoft 的主要競爭者 Amazon、Google 無法也投資 OpenAI，而必須另覓 AI 技術合作（投資）對象。Amazon、Google 選擇投資另一新創商 Anthropic，其線上模型服務主要為 Claude。

不過 Anthropic 與 OpenAI 一樣，採行模型封閉策略，但有另一相近知名度（知名的原因之一是初始技術團隊成員多來自 Meta、Google 等大廠）且具技術潛力的 AI 新創商 Mistral AI（法國公司）是採行開放策略。其模型即稱為 Mistral，或者是 Mixtral，Ollama 官網上即有收錄 Mistral 系列模型。

在 Ollama 官網上主要有 mistral、mixtral、mistral-nemo、mistral-small、mistral-large、mistrallite 等，有些模型完全看不到 mistral 相關字樣，但卻是基於 mistral 模型再行微調而成的，例如 zephyr 模型、neural-caht 模型，或者是只使用 Mistral 公開的資料集再行訓練出自己的模型，如 openhermes，或是把 Mistral 與 LLaVA 架構結合出 bakllava 模型。

另外，Mistral 官方有針對數學推理與科學探索等應用需求另行訓練出一個開放模型，稱為 Mathstral / MathΣtral，或者有針對程式碼產生需求而訓練出的 Codestral。目前 Ollama 官網有收錄 Mathstral，但尚未收錄 Codestral。

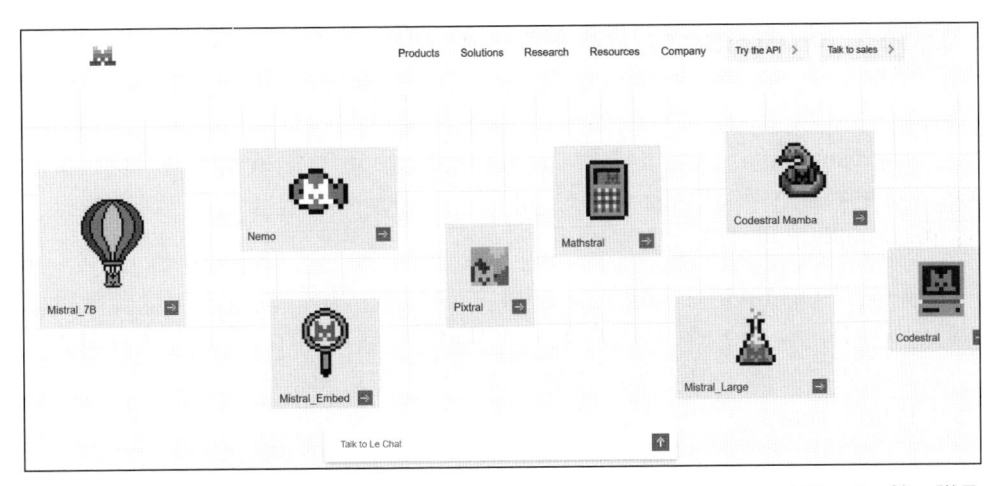

圖 5-2：Mistral 官網列出其主要官方模型，如 Nemo、Pixtral、Codestral Mamba 等，詳見 https://mistral.ai/models。

5-4 Microsoft 的 Phi 系列

Microsoft 雖然與 OpenAI 合作，許多 Microsoft 軟體或網路服務均已使用 OpenAI 的技術，例如 Microsoft Copilot。但 Microsoft 自身也有在訓練模型，而 Phi 系列則是目前的代表。

不過與 OpenAI 不同的，OpenAI 的模型一代比一代巨大（以參數量而言），GPT-1 為 1.17 億個參數，GPT-2 為 15 億個，GPT-3 則是 1,750 億個。此後雖未明確公佈，但依據其透露的新模型運算量需求與運算時間，只能往更大規模的方向推估。

相對的，Microsoft 的 Phi 系列模型偏小規模，畢竟大規模模型已與 OpenAI 技術合作。Phi 系列模型約在 27 億至 140 億個參數間，Ollama 官網在 2025 年 1 月收錄了第四代 Phi 模型 Phi4，即為 140 億個參數。其他也收錄第三代、第三點五（3.5）代等，參數量也在 27 億至 140 億個間。

由於 Phi 系列也是開放模型，且參數量相對少，對於硬體效能、硬體資源相對有限的用戶值得評估考慮。

圖 5-3：Microsoft Phi 系列模型官方網址 https://azure.microsoft.com/zh-tw/products/phi，因參數量相對少，Microsoft 標榜此系列為**小型語言模型**（Small Language Model, SLM）。

5-5 Meta 的 Llama 系列

Meta 發起的 Llama 系列開放模型非常知名，幾乎今日各種新模型的標竿測試多都會把 Llama 視為比較基準，包含人工智慧效能測試機構 MLCommons 的諸多測項，均會用 Llama 模型進行測試。

Llama 系列也在持續版本推進中，2024 年 12 月 Ollama 官網已收錄 3.3 版的 Llama 模型，之前的第一代、第二代也有收錄，或者 3.1 代、3.2 代等亦有。也有一些衍生性的版本，例如 llama3-gradient 模型，特別強化了輸入文句的長度，允許從 8,000 個 Token 增加到 100 萬個 Token。一般認為輸入的 Token 數越多，模型掌握的文句脈絡能力越強，某種程度上意味著模型的理解力更強。

另外也有人把 Llama 模型刻意輕量化，如 tinyllama 模型（從 tiny 字樣可約略看出此意），此模型僅有 11 億的參數量。或有特別增強對話能力、問答能力的 llama3-chatqa 模型（從 Chat 字樣、QA 字樣可約略看出此意）。

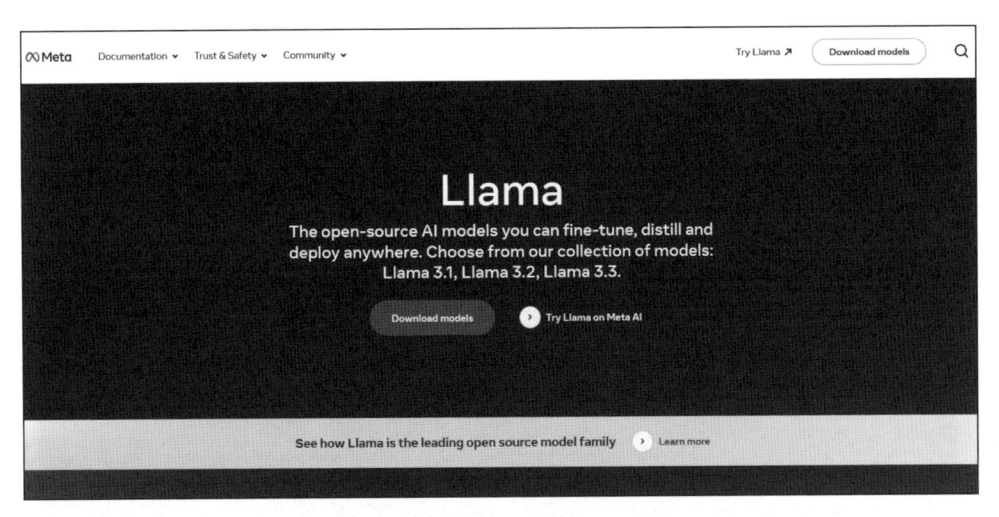

圖 5-4：Meta 的 Llama 系列模型官網，網址 https://www.llama.com/。

5-6 Google 的 Gemma 系列

OpenAI 的 ChatGPT 走紅後，Google 倍受壓力，原因是 ChatGPT 的人性化口語回覆比起 Google 的搜尋引擎更親和，未來有可能人們不再用關鍵字搜尋，取而代之用各種問句來找尋答案，答案也不再是單純羅列的相關網址，而是一段論述文句。

倘若此一情境實現並普及，Google 透過關鍵字搜尋的網路廣告撮合業務將遭受重大打擊。此為 Google 的最主要營收來源，故 Google 必須在這方面急起直追，才能保持優勢。因此在 2023 年提出了 Bard 服務，之後則用自家訓練的專屬模型 Gemini 取代 Bard。

Google Gamini 採專屬、封閉發展政策，但同時 Google 也期望自身能與 Meta 的 Llana 相同，在開放模型領域具有影響力與代表性，故在 Gemini 之外，另行提出 Gemma，嘗試以此抗衡 Llama。

Gemma 也透過快速更新改版已經來到第三代，參數量從 10 億到 270 億均有。另也有諸多衍生，例如針對程式開發需求的 codegemma，或特別依據把關政策而開發出的 shieldgemma。所謂把關政策，例如用及色情、暴力、犯罪等問句，將予以忽略或警告，而非直接回應，此機制在公眾型的大語言模型服務上多已採行。

圖 5-5：Gemma 官網，網址 https://ai.google.dev/gemma?hl=zh-tw。

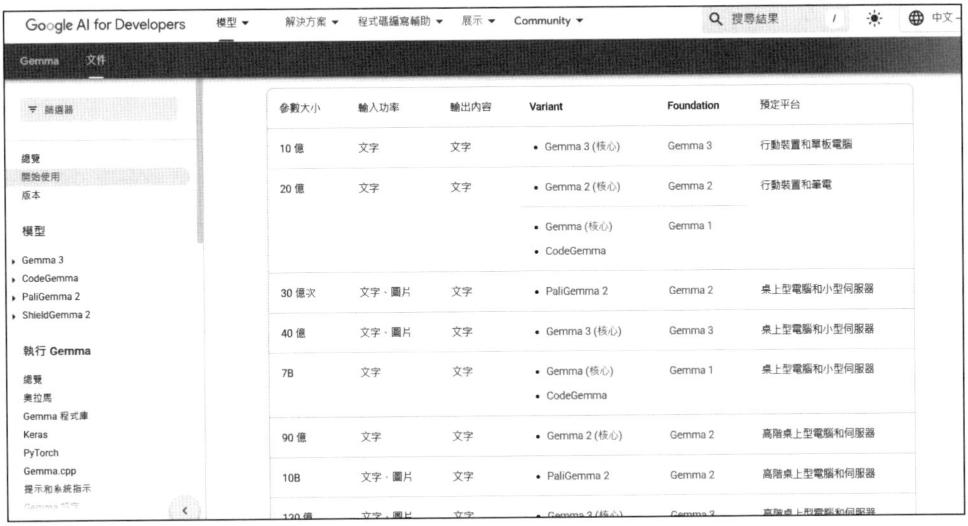

圖 5-6：官方完整 Gemma 系列模型列表，網址為 https://ai.google.dev/gemma/docs/get_started?hl=zh-tw#models-list。

5-7 Alibaba 的 Qwen 系列

Qwen 系列是中國大陸**阿里巴巴（Alibaba）**集團旗下的**阿里雲（Aliyun）**所開發出的開放模型，至 2024 年 9 月 Ollama 網站上收錄的為 2.5 版，中文名稱為**通義千問**，英文為 **Tongyi Qianwen**，簡稱 **Qwen**。

Qwen 最初 2023 年發佈的僅有 7b、14b [1] 兩種參數版，之後擴展出從 0.5b 到 110b 都有的廣泛版本，2024 年第二代的 Qwen2 模型發佈有 0.5b、1.5b、7b、72b、**MoE（Mixture of Experts，混合專家）**模型 [2] 等五種版本。另外，Ollama 上也有收錄程式碼專精的 qwen2.5-coder 或數學專精的 qwen2-math 等。

值得注意的是，2025 年 3 月 Qwen 開發團隊以 Qwen 模型為基礎開發出名為 **QwQ** 的推論模型（reasoning model）。推論模型具有更佳的思考及推論能力，Ollama 官網上也有收錄 QwQ。

---

1 參數的計量單位 million、billion，既可寫大寫的 M、B，也可寫小寫的 m、b，本文以 Ollama 官網使用的小寫為主，但諸多外部文章與報導會使用大寫，特此提醒。
2 混合專家（MoE）模型屬一種現階段較特別的大語言模型架構，Mistral、DeepSeek 的模型均有使用此架構。

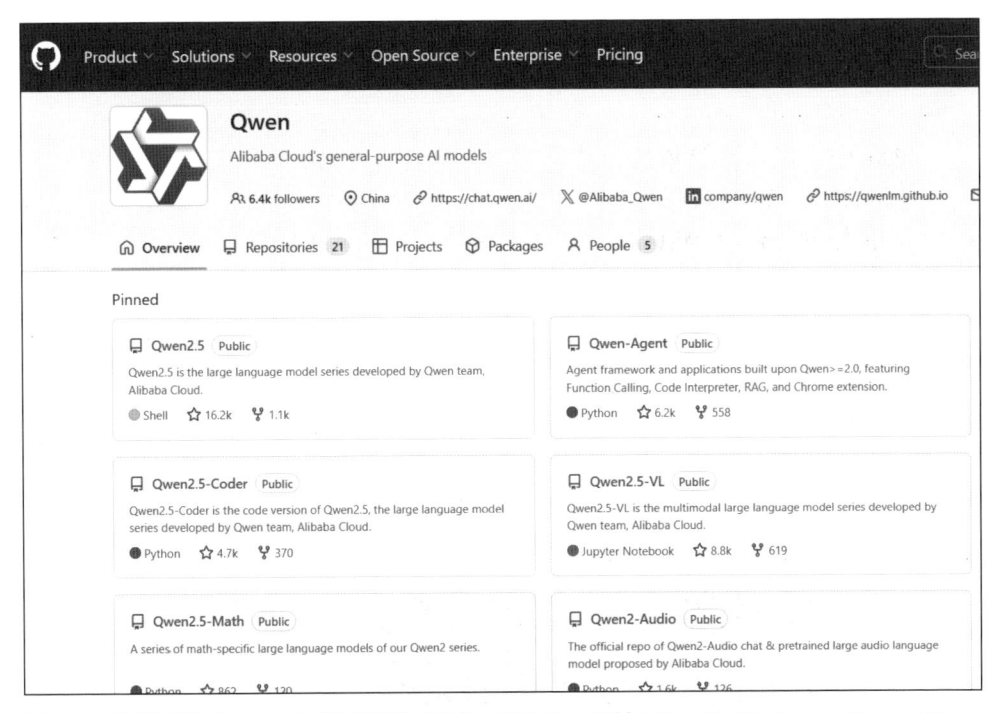

圖 5-7：通義千問（Qwen）相關模型可見於 GitHub，網址 https://github.com/QwenLM。

5-8 IBM 的 Granite 系列

IBM 是資訊技術領域的指標性業者，過往在 1990 年代即用 AI 軟體技術打敗過西洋棋（或稱國際象棋）棋王，此後有 IBM Watson（華生一詞取自 IBM 創辦人 Thomas J. Watson（湯瑪士華生））的人工智慧軟體。

IBM 也有開發並釋出開放政策的 AI 模型，即 Granite（花崗岩），至 2025 年 3 月推進到 3.2 版。在 Ollama 官網上有收錄多個與 Granite 相關的模型，如 granite3-guardian、huihui_ai / granite3.1-dense-abliterated、granite3-moe（MoE 架構）、granite3-dense 等，也有針對程式開發的 granite-code 等。

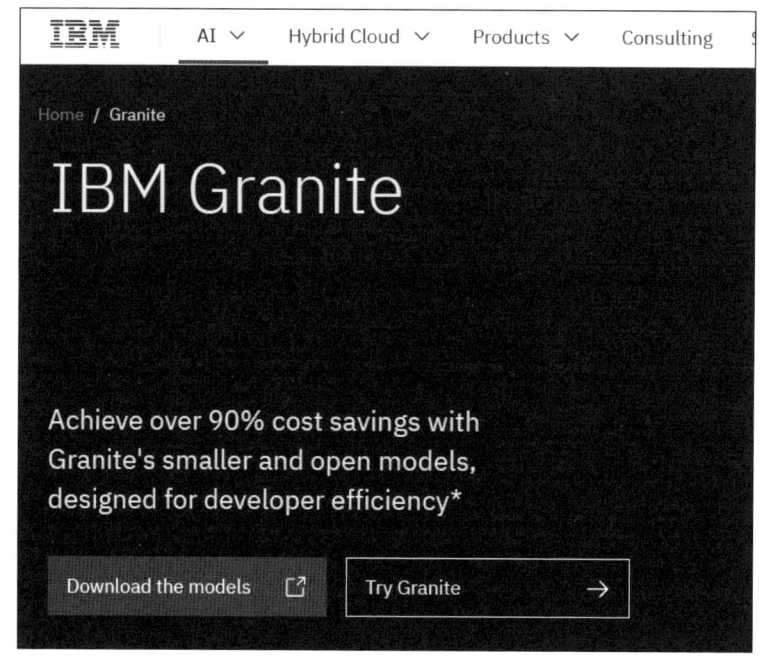

圖 5-8：IBM Granite 官網，網址 https://www.ibm.com/granite。

5-9 DeepSeek 的 DeepSeek 系列

DeepSeek 是 2025 年 1 月快速走紅的系列模型，是由中國大陸杭州**深度求索（DeepSeek）**公司所開發，歷經 v1 至 v3 版本（其中也有 v2.5 過渡版本），而後深度求索公司發佈 v3 版的技術報告（Technical Report）。報告內表示 v3 版模型僅以不到 600 萬美元的運算力費用便訓練成，同時以 v3 版為基礎衍生成的 DeepSeek-R1 模型在各項測試的表現上不輸 OpenAI 的 OpenAI o1 模型。但後者是以上億美元成本訓練成，一時間讓各界懷疑是否一定要用龐大運算量、漫長訓練時間才能練就新版的高智慧性模型。

DeepSeek 一樣有多種版本，官方網站提及的版本即有 R1、V3、Coder V2、VL、V2、Coder、Math、LLM 等，從名稱上很明顯看出有針對數學、程式需求的模型，其中 r1、v3、coder v2、coder、llm、v2、v2.5 等在 Ollama 上均有收錄。附帶一提的，DeepSeek 也是採 MoE 架構訓練成的模型。

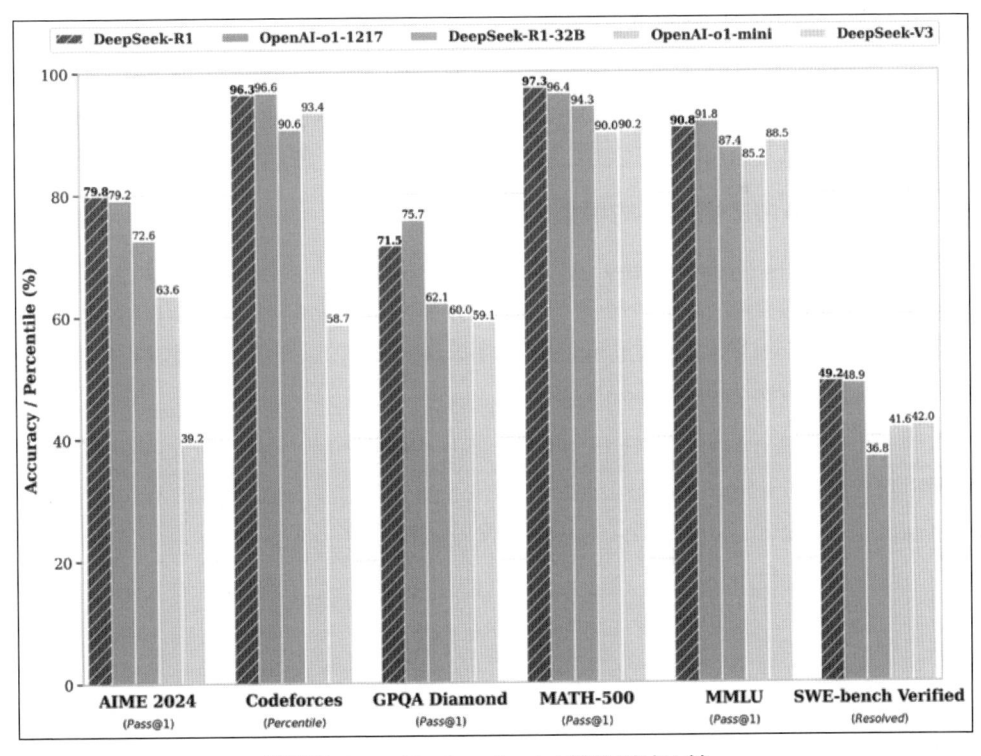

圖 5-9：DeepSeek-R1 模型與 OpenAI o1、o1-mini 等的測試比較。
資料來源：DeepSeek

5-10 現階段四種模型篩選建議

掌握主要的系列模型後,由於模型百百款,且各自持續快速發展中,目前尚難看出哪一個模型最適合中文或繁體中文母語者的人使用,作者以個人經驗分享四個方針建議。

1. 直接指示用中文回應

許多模型在最初的訓練過程中,其資料集已有納入中文資料(或稱語料),因此各位可以任意下載模型使用,最初模型可能以英文或各種可能的異國語文來回應,但使用者可以很快下達指示:請用中文回答。之後模型即可能順應你的要求,以中文方式與你互動。

不過,即便模型有在訓練過程中加入中文訓練,但若中文在整體資料集當中的佔比不高,該模型訓練完成仍會是以其他語系為主要理解(通常是英語),很容易不理解中文的問句,使用起來挫折多(答非所問)。

2. 找尋 Chinese 關鍵字的模型

Ollama 官網上可以用關鍵字搜尋模型,例如輸入 Chinese,即可能出現 llama2-chinese、llama3-chinese-8b-instruct、gemma2-9b-chinese-chat 等模型,這類的模型通常在中文問答表現上相對佳,建議優先評估。

3. 找尋 TAIDE 關鍵字的模型

TAIDE 全稱 **Trustworthy AI Dialog Engine**,中文為**可信任人工智慧對話引擎**,是中華民國國家科學及技術委員會(簡稱國科會)主導的生成式人工智慧計畫。TAIDE 是以 Llama 開放模型為基礎,加入更多繁體中文、閩南語、客家語的資料,從而練成模型。

因此,選擇 TAIDE 字樣相關的模型也是較理想的,此在 Ollama 官網上可以搜尋到 cwchang/llama3-taide-lx-8b-chat-alpha1、jcai/llama3-taide-lx-8b-chat-alpha1、willh/taide-lx-7b-chat-4bit 等多個模型。

4. 選擇 Qwen 系列模型

如前所述，Qwen 是 Alibaba / Aliyun 所開發，訓練過程所用的資料集必然含大量的簡體中文，因此對中文問答的支援性佳，但回覆也可能是簡體中文用詞，例如網絡（network，繁體中文為網路）、芯片（chip，繁中為晶片）、導彈（missile，繁中為飛彈），可能必須適應。事實上大眾版的 ChatGPT 服務也常有簡體用語出現。

5-11 其他系列模型

除了前述七個主要系列模型外，其他也有 Falcon 系列、WizardLM 系列、Dolphi 系列等，其中 Falcon（鷹隼、獵鷹）系列是阿布達比政府先進技術研究委員會負責監督技術研究的研究中心（advanced technology research council overseeing technology research）旗下的技術創新研究所（Technology Innovation Institute, TII）所提出。

WizardLM 系列則由 Microsoft 所開發，是以其他模型再行訓練而成，過程中使用獨特的**自我引導（Evol-Instruct）**的訓練方法，可提升模型對複雜問題的理解力，同時也增強其推理、推論能力。

至於 **Dolphin（海豚）**系列也是以其他已練成的模型為基礎進行衍生發展，特點是「口無遮攔」，意思即儘可能卸除原有模型中的**審查機制**（戲稱為**無碼模型**），各種禁忌話題都能回答，甚至回應的口吻不一定保持客氣，但回話內容仍儘可能保持中立態度。

其他如 OLMO 模型標榜高程度開源，包含訓練日誌、模型評估方法等都有詳加交待，或有同為 DeepSeek 開發的文生圖模型 Janus 等，太多模型值得各位嘗試。

5-12 更多模型來源

前述的模型均在 Ollama 官網中有收錄，但實際上也有其他指標性的模型集散地，例如 Hugging Face（抱抱臉）、GitHub 等。不過 Hugging Face 的模型相當多，至 2025 年 3 月已有 151 萬個以上，如果不是經驗老道的模型用戶，恐怕更為選擇困難、選擇無力。

至於 GitHub 則是既有放置一般軟體程式，也有人工智慧模型，甚至是放置電子內容刊物等，並非全然用於模型服務，故也是較適合過往已有使用 GitHub 經驗的用戶使用，通常為程式設計師、資訊管理人員或電腦玩家等。

因此本書仍以 Ollama 為主，以此為基本體驗、基本演練，然在此說明其他模型來源則為具經驗後的簡要相關指引。

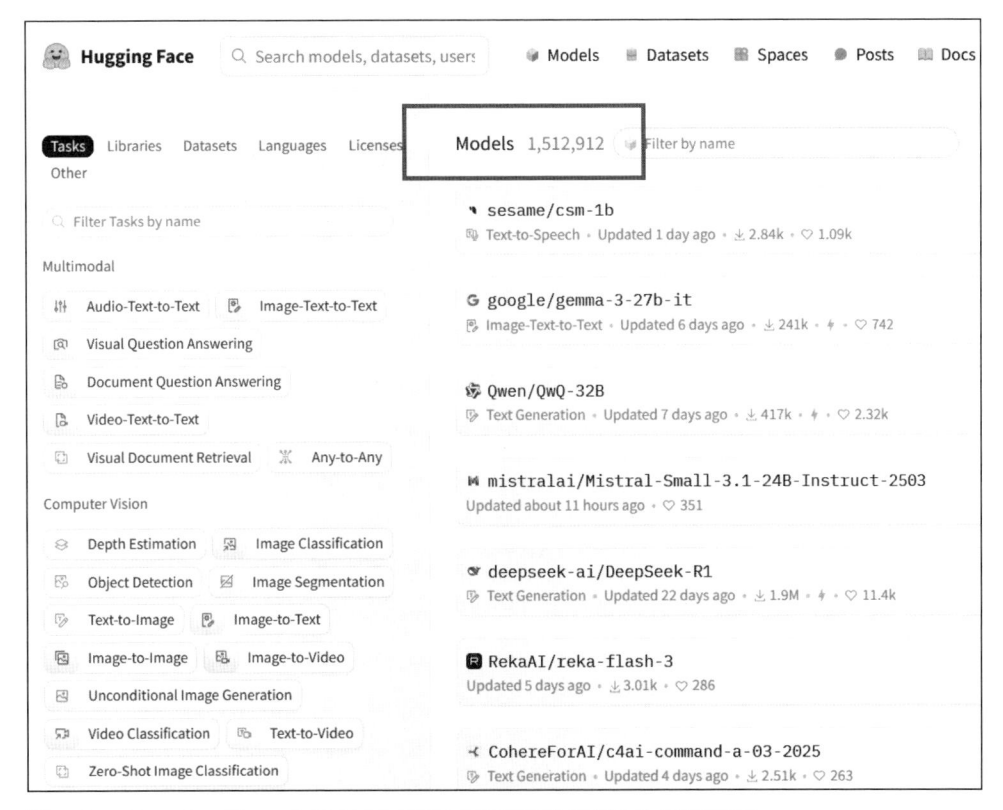

圖 5-10：Hugging Face 上已有上百萬個（見黑框內的數字）模型可選。

05・Ollama 現行主要模型認知　　127

06

Page Assist 基礎操作設定

在此之前，以 Ollama 為主體簡要說明了 Page Assist，運用 Page Assist 較親和的網頁型操作介面，可儘量避免去使用 Ollama 預設最陽春的打字型命令列介面。然在此要進一步說明 Page Assist 的更多實務操作，以利各位精準、有效率地使用模型。

6-1 切換介面色調

近幾年來，多數的軟體都允許在深色（暗色）與淡色（亮色）兩種介面間選擇，事實上過往的軟體多只有淡色介面，之所以增加暗色的選項主要是受程式設計師（早期稱 Programmer，此後與近年來多稱 Developer）的影響。

程式設計師撰寫程式時會長時間觀看電腦螢幕，而淡色介面的字體與背景間的顏色反差過於強烈，容易造成視覺疲勞，因而有了暗色介面，以此延緩、緩解視覺疲勞。

事實上文書處理軟體、記事軟體也開始有類似的設計，凡是可能需要長時間盯看畫面的應用程式多半開始提供淡、暗色介面的切換選擇。淡色適合短時間使用，如快速查詢，暗色自然是長時間使用。

因此 Page Assist 也不例外，預設是呈現淡色介面，但若各位真的要長時間使用 Ollama＋Page Assist 進行各種詢問的話，可依以下程序調整成暗色介面。

步驟 1：

首先是選擇「齒輪」的設定項目（見圖 6-1）。

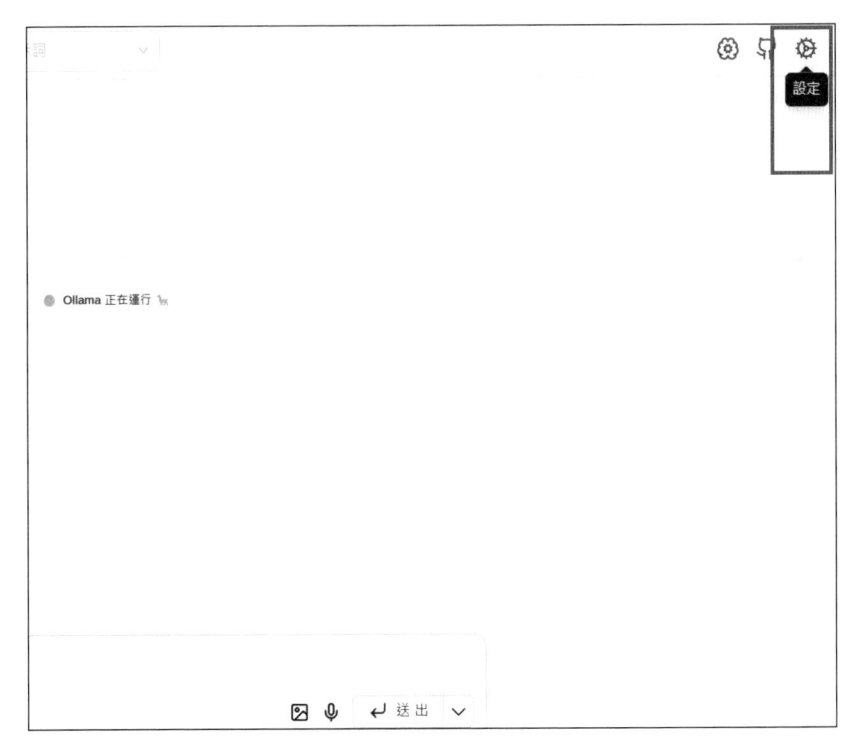

圖 6-1：在 Page Assist 介面右上角選擇「設定」（黑框處）。

步驟 2：

　　這時通常會出現「一般設定」的畫面；若不是的話，只要在左側的功能選單中選擇最上方的「一般設定」選項，一樣會出現「一般設定」的畫面。這時若瀏覽器的網頁瀏覽縮放比例為 100% 時，應該會看不到亮暗色的調整選項（見圖 6-2）。

圖 6-2：一般設定的選項畫面。

步驟 3：

對此要用滑鼠拖拉垂直捲軸往下才能看到選項，或將網頁瀏覽的縮放比降至 80%（含 80%）以下也能看見（見圖 6-3）。

圖 6-3：「更改主題」選項可選擇亮色或暗色。

步驟 4：

一旦按下「暗色」後，立刻產生換色效果，再按一下就恢復成「亮色」。這個選項不需要額外按「儲存」才會讓新的選擇生效，立即按立即生效。以下是暗色介面外觀（見圖 6-4）。

圖 6-4：變換成暗色背景的 **Page Assist**。

6-2 聊天管理

　　聊天管理在此只需要簡單說明，因為多數人已有使用 ChatGPT 的經驗，多數的本機端 LLM 軟體在聊天管理介面上也會與 ChatGPT 相仿。在 Page Assist 主畫面中按下左上角的圖示（見圖 6-5）就可以展開聊天列表（見圖 6-6），列表展開後只要用滑鼠在主畫面的任一處按一下，就可以收合列表。

圖 6-5：展開聊天列表的按鈕（黑框處）。

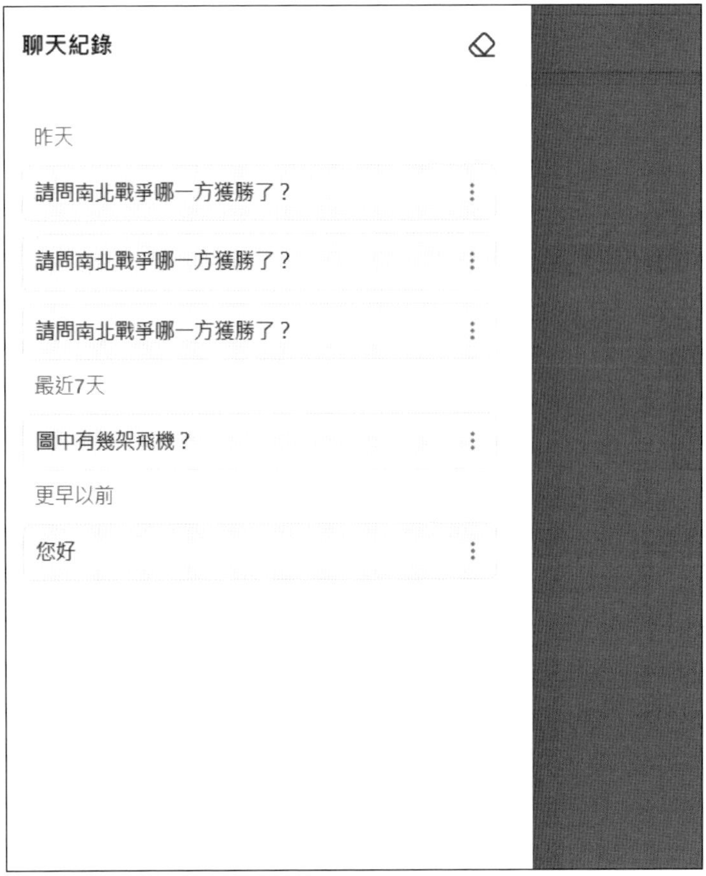

圖 6-6：聊天列表展開畫面，按右側灰色部分（原主畫面）即可收合列表。

　　要注意的是，不要按到列表右上的「橡皮擦」圖案，那並不是列表的收合按鈕，而是清除過往聊天記錄的按鈕，建議要非常肯定後才去使用該按鈕，否則儘可能保持聊天記錄，以供回查參考。

134

圖 6-7：開啟或關閉「臨時聊天」功能。

　　另外，有時候我們只是進行個小詢問，沒有必要把小詢問也列入聊天記錄，這時可以開啟「臨時聊天」功能，如此就不用聊一聊之後，又要額外去聊天列表把該筆聊天記錄刪除，可省點工。

　　臨時聊天的選項在 Page Assist 主畫面中偏右上位置的三個點「⋯」圖示內，點擊該圖示後就會出現可供切換的選項，向右移即啟動臨時聊天功能，反之則關閉（見圖 6-7）。

6-3 切換與更改搜尋引擎

由於我們從 Ollama 網站下載的模型均屬於**預訓練（Pre-Trained）**模型，模型的智慧性來自它當初訓練過程中所用的資料集（dataset，對岸稱為數據集），但資料集不可能包山包海包含最新知識（如上星期的新聞），因此其智慧性有其限度。

相對的，眾人對 LLM 的詢問正是包山包海，什麼都可能問，如果模型只用它當初資料集的智慧來因應是不足的，因此，設計上也允許模型透過搜尋引擎找尋答案（向廣大的 Internet 上找資料），成為其新補充與消化，從而給發問者更理想的答案。

不過，有的人就是要測試預訓練模型自身的能耐，不允許它（模型）引用搜尋引擎來協助回話，因此 Page Assist 上提供切換按鈕，使用者可選擇切換是否使用搜尋引擎來協助提升回話品質（見圖 6-8）。

不過，一般而言，我們很少獨立測試預訓練模型的智力能耐，事實上，也有許多專業機構用其標竿（benchmark）測試方式來測試模型的能耐，例如提供兩萬個句子來試煉其回應結果，不需要我們隨意的兩、三句問話來測試，因此多數時候我們是開啟搜尋引擎功能的。

既然要使用搜尋引擎來輔助回答，那多數人第一個想到的是 Google Search Engine，不過略不幸的，Page Assist 預設不是指向 Google，而是 DuckDuckGo 這個搜尋引擎。DuckDuckGo 標榜尊重個人隱私，間接意味著 Google 搜尋引擎經常分析瀏覽者的個人偏好，以便推送更合乎個人偏好的廣告訊息，畢竟 Google 的主要收入是網路廣告撮合。過去一般民眾對於自身偏好被分析沒什麼感覺，但近年來已開始意識抬頭，儘可能避免讓網路商過度了解自己，特別是在歐盟地區，其對此已有嚴格的規範管理。

圖 6-8：切換是否讓模型存取搜尋引擎。

乍聽之下 DuckDuckGo 更好，不過作者個人經驗是它的搜尋表現仍不若 Google，而且標榜歸標榜，2022 年也被爆出 DuckDuckGo 瀏覽器（不是指 DuckDuckGo 公司的搜尋引擎，是指 DuckDuckGo 公司推出的瀏覽器，一樣標榜尊重個人隱私這個特點）會將用戶的瀏覽資訊傳遞給 Microsoft 分析，雖然 DuckDuckGo 方面仍強調傳遞的資訊已完全匿名，但即便如此，也讓各界對其過往標榜的立場與形象有所折扣。

因此，各位依然應當以自身過往的偏好與信任來選擇搜尋引擎，操作方式一樣是先點擊 Page Assist 的「設定」，選擇「一般設定」選項，在介面亮色、暗色選項的更下方即有搜尋引擎選擇項（見圖 6-9）。

圖 6-9：可自由選擇偏好的搜尋引擎。

6-4 管理模型

有關用 Page Assist 管理 Ollama 官方下載的模型,之前我們已說明過,在此則教導各位如何刪除已經確定不用的模型。

方法相當直覺簡單,先點按「設定」,而後在右邊的選單中選擇「模型管理」,如此主畫面便會呈現已安裝的模型列表,希望刪除哪一個模型只要按下「垃圾桶」圖示即可,作者在此以刪除「通義千問(Qwen)」為例進行示範(見圖 6-10、11、12)。

圖 6-10:點擊「設定」、「模型管理」後,對「Qwen」選項按下其「垃圾桶」圖示。

圖 6-11:刪除模型茲事體大,故會再提示你確認一次,以避免誤刪後又要冗長時間下載。

138

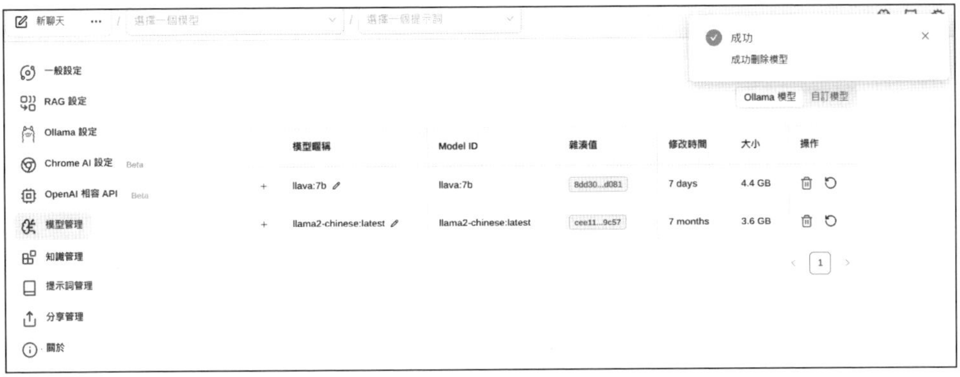

圖 6-12：刪除後，畫面右上角會出現刪除功能的訊息，列表中也少去了 Qwen 模型。

　　有關模型管理的操作還有一些細部做法，例如以原有下載的模型為基礎，視其為父模型以此衍生子模型（見圖 6-13），或者有使用 Ollama 官方模型外的自訂模型選項（見圖 6-14），但都略超出初學範圍，故不在此詳述，僅此概略提點。

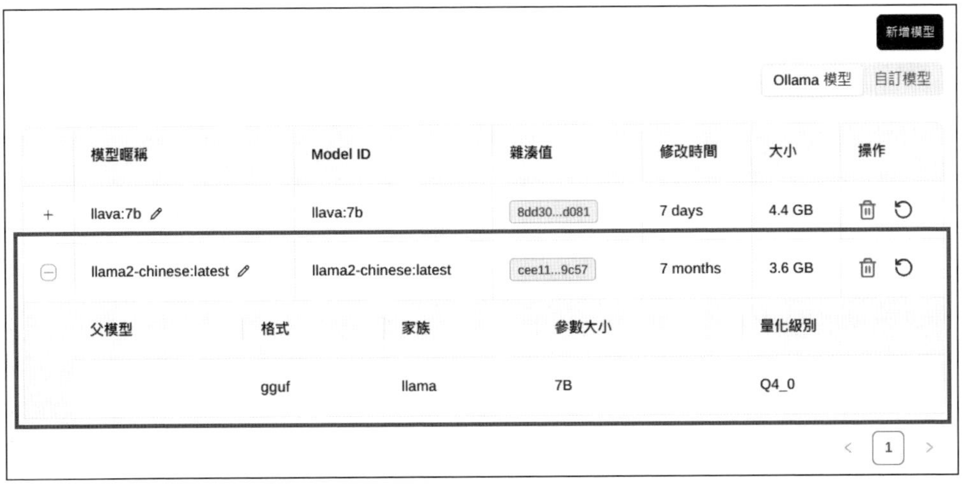

圖 6-13：以 llama2-chinese 模型為父模型再行衍生（黑框處）。

06・Page Assist 基礎操作設定　　139

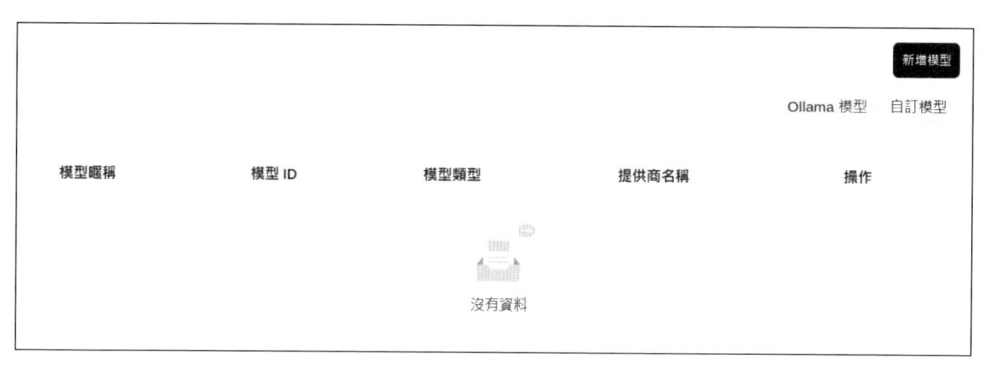

圖 6-14：Page Assist 提供自訂模型的選項。

　　其他 Page Assist 的基本操作如檢視目前 Page Assist 的版本數字，選擇「設定」後再選擇左側選單中最下方的「關於」選項，如此主畫面就會出現 Page Assist 的版本數字，順便有目前呼叫使用的 Ollama 版本數字（見圖 6-15）。

圖 6-15：畫面顯示 Page Assist 為 1.5.5 版，Ollama 則為 0.6.2 版。

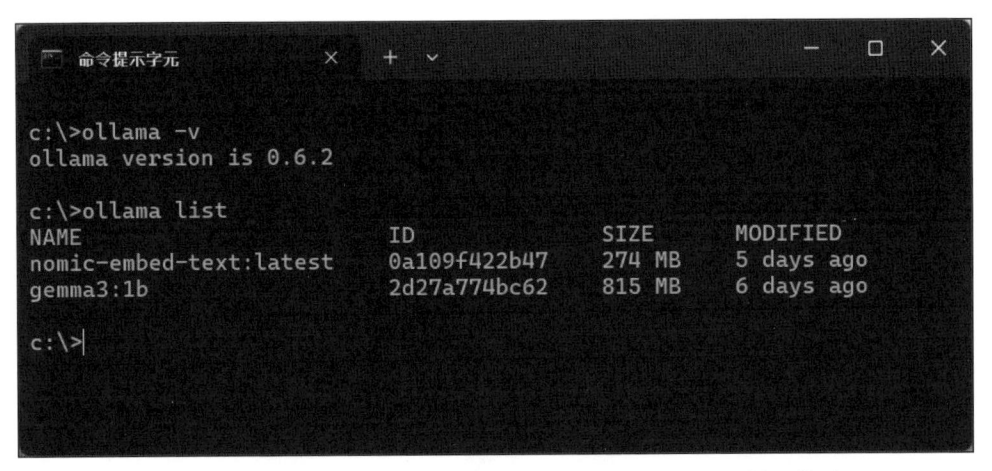

```
c:\>ollama -v
ollama version is 0.6.2

c:\>ollama list
NAME                        ID              SIZE      MODIFIED
nomic-embed-text:latest     0a109f422b47    274 MB    5 days ago
gemma3:1b                   2d27a774bc62    815 MB    6 days ago

c:\>
```

圖 6-16：用命令列方式查詢現行 Ollama 軟體版本，以及檢視目前已安裝的模型。

　　如果沒有 Page Assist 的話，想使用命令列打字方式檢視 Ollama 的版本資訊，就必須下「ollama –v」這個指令。v 即 version 版本之意，或者要檢視已經安裝了哪些模型，則要使用 ollama list 這個指令（見圖 6-16）。

　　或者要刪除某個模型，就必須使用「ollama rm xxx」指令；rm 即 remove（移除）之意，xxx 則是指 Ollama 官方的模型名稱，且已經下載安裝於本機端。總之，都是比 Page Assist 麻煩的，故依然建議初接觸者直接使用 Page Assist 比較直覺、方便。

07

檢索增強生成與視覺模型

之前的章節已能讓各位建立起本機端的大語言模型，並有基礎的操作、設定和管理，但為了讓模型的回話更精準，必須進一步引入檢索增強生成機制，一般稱為 RAG。在此之前已對 RAG 的機理簡要說明，本章將專注於實務操作；另外，也簡單示範**視覺語言模型（Vision Language Model, VLM）**的運用。

7-1 引入檢索增強生成的前置準備

之前在 Page Assist 的基礎操作說明中，曾提及可以讓模型透過搜尋引擎（Internet）內容來強化回話效果，畢竟預訓練模型所用的資料集有其限度，然而透過搜尋引擎所取得的內容又過於廣泛，這似乎有些過無不及。

相對的，檢索增強生成是由使用者把資料限定在一個範疇內，使回話不拘限於預訓練模型的原始資料集，也不因為 Internet 內容廣泛無邊而難以收斂。而所謂的限定範疇，即是由使用者自行提供或指定的資料，例如一份純文字文件（.txt）、一份 PDF 檔案（.pdf）、一個網址（Uniform Resource Locator, URL）等。

另外也如同之前的章節所述，對一般個人與家戶使用者而言，若希望重新訓練模型（開放的模型，取得原始資料集下，模型改動大）、微調模型（封閉的模型，補充上傳自有資料集，模型改動小），則需要具備更多的資訊技術知識，或者委由資訊服務業者代為訓練，技術與預算都非一般用戶可接受。重新訓練與微調自然能讓模型的回話更精確，但在技術與預算限制下，個人與家戶以 RAG 方式強化回話是較務實的做法。

事實上，本機端的 LLM 確實更有必要引用 RAG，因為本機端的硬體效能、硬體資源都不如雲端資料中心，通常會選擇下載、建立相對少參數的模型。即便有高階的繪圖處理器介面卡（如 NVIDIA GeForce RTX 4090、5090），也依然無法與雲端比擬。而參數的減少也意味著模型理解、回話的品質犧牲，故更需要 RAG 的適度協助與矯正。

尤其是部分僅在 1b、2b 參數量的模型，甚至在下載前的模型簡介描述中提到 RAG Highly Recommend（高度建議搭配 RAG）字眼，顯見單純使用低參數量的模型可能大程度不牢靠，胡言亂語容易浪費時間，有違使用模型節省時間、增加效率的初衷。

在確定要引用 RAG 後，我們需要在 Page Assist 內進行兩、三件事先準備工作，一是安裝嵌入模型、二是新增知識（即手動指定文件、資料範疇）、三是新增提示詞，其中提示詞屬選擇性。

1. 安裝嵌入模型

步驟 1：

　　所謂嵌入模型，即是之前我們介紹 Ollama 模型分類標籤時帶有 **Embedding（嵌入）**標籤的模型，雖然 Ollama 上已有 9 個嵌入模型，但 Page Assist 的設定中有提示：強烈建議使用像「nomic-embed-text」這樣的嵌入模型，故在此我們照辦（見圖 7-1）。

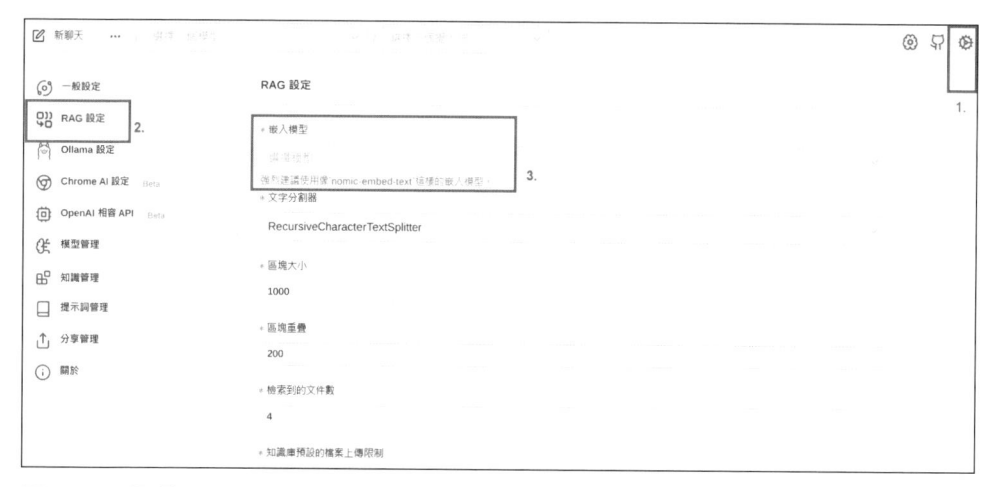

圖 7-1：選擇「設定」中的「**RAG** 設定」，檢視「嵌入模型」欄位。

步驟 2：

新增嵌入模型的程序與之前介紹模型新增的程序相同，請先新增名為「nomic-embed-text」的模型（見圖 7-2）。

圖 7-2：新增 nomic-embed-text 嵌入模型。

步驟 3：

新增完成後，已安裝的模型列表自然會再新增一列模型資訊（見圖 7-3），這時再次回到 RAG 設定的頁面，即可選擇指定 nomic-embed-text 為嵌入模型（見圖 7-4）。指定後記得在畫面稍下方的位置，按下嵌入模型該設定區的「儲存」按鈕，如此指定才能生效。

圖 7-3：已順利安裝 nomic-embed-text 嵌入模型（黑框處），約 **262MB** 容量。

07・檢索增強生成與視覺模型

圖 7-4：選擇 nomic-embed-text 為嵌入模型。

2. 新增知識

完成上述步驟後，下一步是進行「知識管理」。其實就是設定一個主題，而後把主題相關的檔案、資料放入，再給系統一些時間消化，待消化之後再提出與主題相關的問題，就能夠讓模型更準確、專業的回答。作者以「養貓」為題進行簡單示範。

步驟 1：

首先，下載一些與養貓相關的檔案 [1]，暫且在 Google 打關鍵字「養貓 pdf [2]」，如此即出現一些跟養貓相關的 .pdf 檔案（見圖 7-5）。作者下載前兩個搜尋回應連結的 .pdf 檔，暫存到自己的電腦裡。

圖 7-5：搜尋關鍵字「養貓 pdf」的結果。

---

1 這裡的繁體中文翻譯有些出入，file 一詞在台灣一般稱為檔案，在大陸稱為文件，而 document 在台灣稱為文件，在大陸稱為文檔，此處實際上指的是檔案。

2 現階段 Page Assist 主要支援 .pdf、.txt、.csv、.md 等類型的檔案，推測未來會持續增加支援的檔案類型，另外目前尚無法指定外部 URL 為範疇。

步驟 2：

之後在「設定」頁面左側的選單中選擇「知識管理」，並在主畫面點擊「新增知識」，新設定的知識就命名為「養貓」吧！（見圖 7-6）。

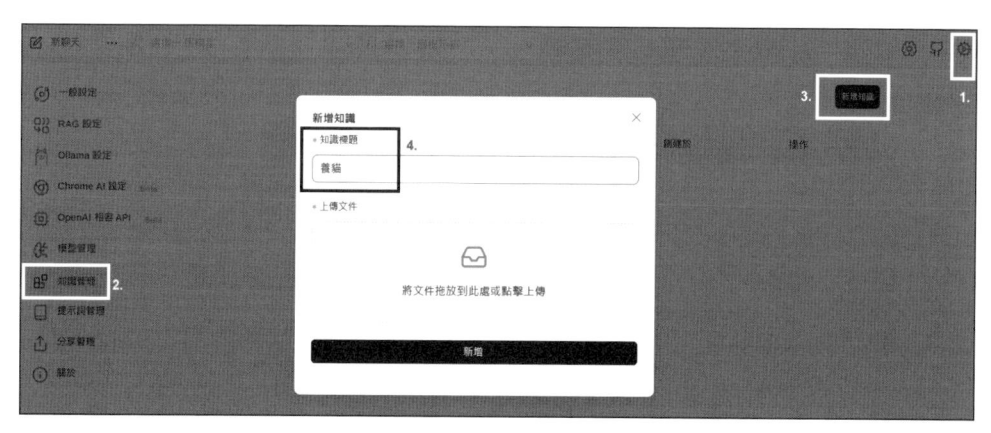

圖 **7-6**：新增名為「養貓」的知識。

步驟 3：

完成這步後，請不要急著按下「新增」，且關閉這個視窗（按了也沒用，Page Assist 會發出「文件是必須的」的提示字樣，且暫時無法關閉視窗），而是在知識標題下方的欄位把剛剛已經下載的養貓檔案拖放進來，或以選擇檔案（可複選）的方式放進來（見圖 7-7）。

圖 7-7：上傳剛剛搜尋、下載的兩份養貓相關的 .pdf 檔（黑框處）。

步驟 4：

　　確定上傳檔案並按下「新增」，系統需要跑一段時間，以便完成消化。如果上傳的資料量越多，則消化時間越長，需要耐心等待。消化階段也會有不同的狀態字樣提示消化進度（見圖 7-8、7-9、7-10）。

圖 7-8：Page Assist 顯示新增知識成功（黑色上框），並且等待處理（黑色左下框）。

圖 7-9：嵌入模型正在處理上傳的檔案，消化中（黑框處）。

圖 7-10：顯示已經完成（黑框處）。

3. 新增提示詞

接著，我們也設定一下「提示詞」。

步驟 1：

同樣在「設定」的左側選單中選擇「提示詞管理」，而後主畫面即為提示詞的管理畫面。

有關提示詞的設定，其實也可以先參考一下 Page Assist 上已經提供的 Copilot 提示詞，以此為靈感來擬定自己的提示詞（見圖 7-11）。

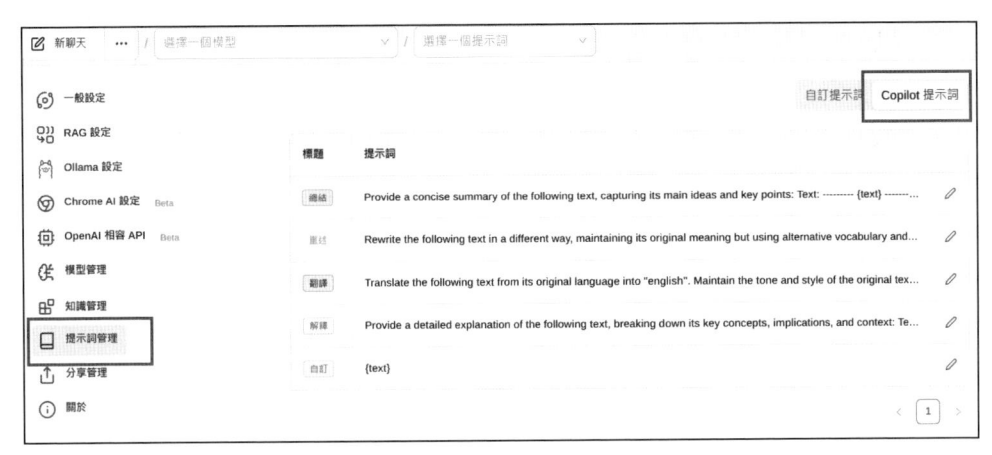

圖 7-11：選擇「提示詞管理」（黑色左框）之後，切換成 Copilot 提示詞（黑色右上框）加以參考已有的提示詞範本。

步驟 2：

　　接著切換到「自訂提示詞」，按下「新增提示詞」，以下是我們輸入一些之前參考後擬出的提示詞內容（見圖 7-12）。

```
新增提示詞                                    ×

* 標題

  解釋

* 提示詞

  提供以下文本的詳細解釋，分解其關鍵概念、含義和上下文：

  文字：
  ---------
  {文字}
  ---------

  你的解釋應該：

您可以在提示詞中使用 {key} 作為變數。
是系統提示詞
◯

            新增提示詞
```

圖 7-12：新增提示詞。

152

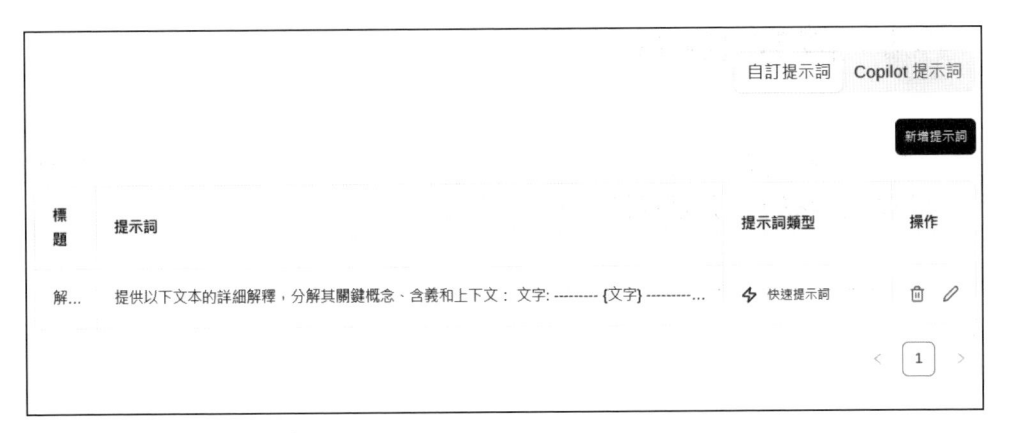

圖 7-13：確實建立出新的提示詞。

7-2 建立 RAG 後正式對模型提問

完成上述步驟後,我們離開設定畫面,回到對話為主的畫面。有三個地方必須先行選擇,一是選擇模型,二是選擇知識,三是選擇提示詞。

圖 7-14:選擇模型(左上框)、選擇知識(右下框)、選擇提示詞(右上框)。

步驟 1：

在這裡我們選擇「llama2-chinese」模型、養貓知識、解釋提示詞，如此在問句位置已經浮出現成帶入的提示詞話語，稍微修改便可發出（見圖 7-15）。

圖 7-15：範本文字（提示詞）出現。

步驟 2：

提示詞的範本文字出現後，作者以「貓毛過敏」為題請模型給予回答。問句完成後，按下右下方的「送出」，接著端視電腦系統效能的強弱來決定回話速度。電腦若慢，則要數十秒、上分鐘的回應時間，反之則快速。

另外，按下「送出」後，有時 Page Assist 也會浮出「記憶體不足」的訊息，這表示你的電腦可能同時間開啟過多應用程式，佔據了電腦的記憶體空間，使模型沒有足夠的空間進行**推論（inference）**。這時關閉一些程式或者把瀏覽器的多個瀏覽**分頁（tab）**關閉掉，即可釋出若干記憶體空間，並重新再按「送出」便可進行。

經過一段時間的處理，模型回應如下的文字訊息。由於許多模型即便是以中文為訓練的資料集，但也是以簡體中文為多，事實上，ChatGPT 也是如此的。這時其實也可以透過提示句要求模型後續回話改成繁體中文，然而在此直接呈現模型給予的文字回應（見圖 7-16）。

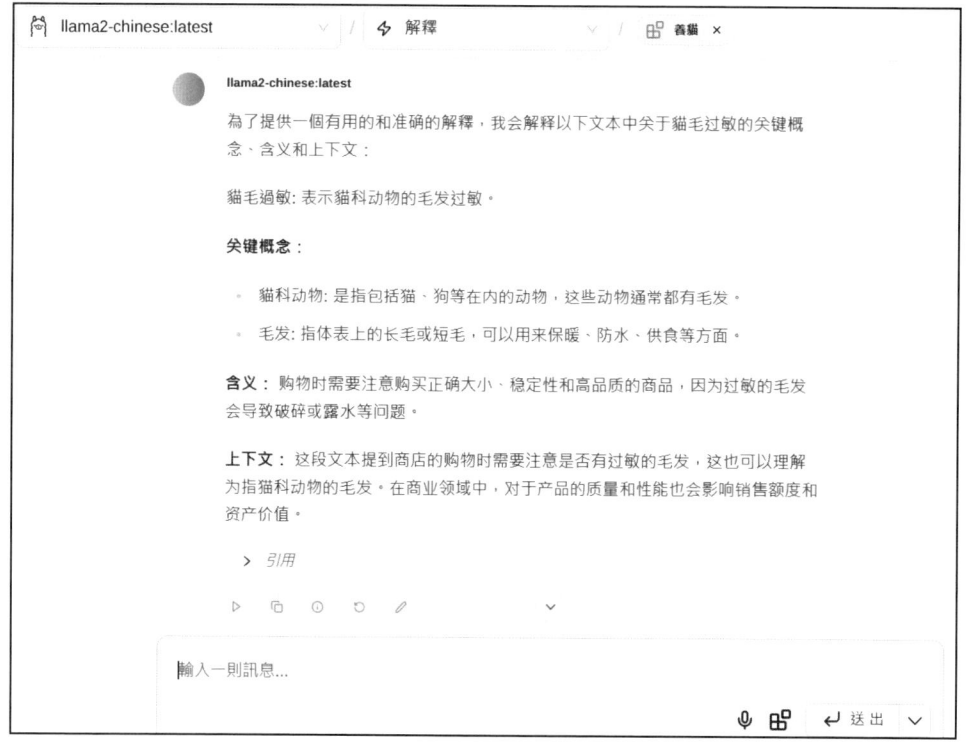

圖 7-16：llama2-chinese 模型在 RAG 輔助下對「貓毛過敏」進行解釋。

至此我們完成一個最簡易的 RAG **概念驗證（Proof of Concept, PoC）**示範，後續可以再進行各種調整測試與精進，例如調整嵌入模型的細部參數、更換提示詞等。

如果引入 RAG 後模型的回答表現依然不盡理想，那麼建議可以從三個方面去考慮。一是更換相同模型但參數量更大的，通常參數量大的模型智慧性較佳，不過缺點自然是電腦的回應速度變慢。

二是換一個更智慧性的模型，這需要閱讀相關資料，甚至是標竿測試報告，看看在相同參數量下哪一個模型的智慧性更好，或更合你使用，例如中文回應更好，或翻譯工作表現更好等。

三是更換嵌入模型，嵌入模型涉及模型對限定範疇的消化、理解能力。Ollama 上另有 8 個嵌入模型，雖說 Page Assist 已表示強烈建議 nomic 嵌入模型，但替換其他嵌入模型我們也沒有損失，暫時的切換設定嘗試而已，或者等待日後有更理想的嵌入模型再行換替。

7-3 視覺語言模型

前述的模型運用全環繞在「文字問、文字答」上,至多是把語音識別後轉成文字(過於常見的應用,在此不示範),一樣是「文字問、文字答」,但 LLM 其實已經更智慧性了,多模態的 LLM 允許同時兩種(包含兩種)以上的輸入型態,而後要求模型產生答案。

例如上傳一張旅館的住房照片給模型,同時用文字詢問「這張照片內有幾張床?」,模型即會對照片進行判別,而後用文字回答「三張單人床」、「一張雙人床」等答案。此即**視覺語言模型**(**VLM**,或也寫成 **LVM**)的典型應用。

在 Ollama 網站上的模型清單中,凡是分類標籤上有 Vision 字樣的模型均能實現視覺應用,作者以 Llava 模型為例示範。

步驟 1:

先照過往的程序把 llava 模型(字樣上只跟 llama 差一點點,注意 v 與 m 字母的差別)安裝好,在此使用預設的 7b 版(見圖 7-17)。

	模型暱稱	Model ID	雜湊值	修改時間	大小	操作
+	nomic-embed-text:latest	nomic-embed-text:latest	0a109...e59f	2 hours	262 MB	🗑 ↻
+	llava:7b	llava:7b	8dd30...d081	7 days	4.4 GB	🗑 ↻
+	llama2-chinese:latest	llama2-chinese:latest	cee11...9c7	7 months	3.6 GB	🗑 ↻

圖 **7-17**:已有 **llava:7b** 模型的安裝。

步驟 2：

接著，作者在維基百科找一張 F-5 戰鬥機的照片，下載到自己的電腦上（見圖 7-18）。

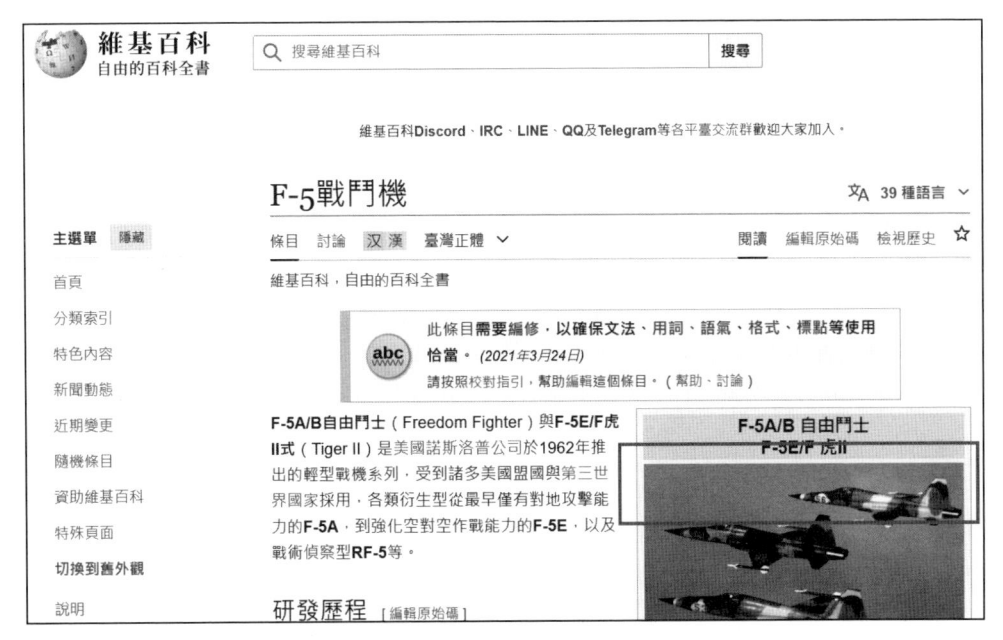

圖 7-18：下載華文維基百科中有關 F-5 戰鬥機的照片（黑框處）到自己的電腦。

步驟 3：

　　然後在 Page Assist 的對話畫面中選擇 llava:7b 模型，之後按下畫面下緣的「上傳圖片」按鈕（見圖 7-19），把 F-5 戰鬥機的照片傳給模型，並搭配中文詢問句：「照片中有幾架飛機？請用繁體中文回答」（見圖 7-20）。

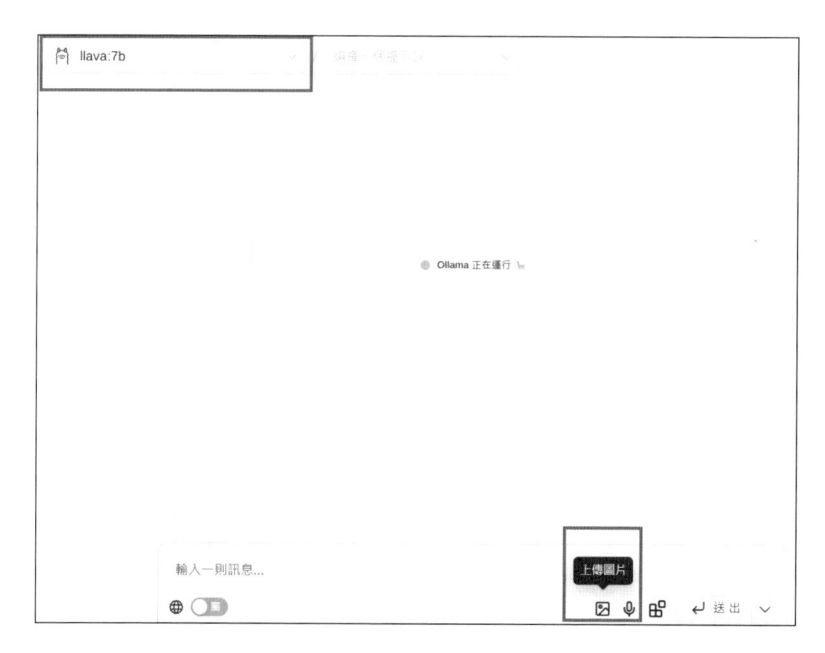

圖 **7-19**：選擇 **llava:7b** 模型（左上框），而後選擇上傳影片（右下框）。

圖 **7-20**：已完成圖片上傳並輸入問句。

步驟 4：

之後按下「送出」，等待一段時間（端視電腦效能）模型給出回應，正確地說出有三架飛機（見圖 7-21）。

圖 7-21：llava:7b 對照片與文字問題給予正確回應。

以上是視覺語言模型的簡單示範。事實上，AI 模型對於相片的分類速度與判別正確性已經在 2015 年超越人類，其中電腦視覺模型 ResNet 誤差僅 3.6%，低於人類的 5%～10%。另外，下圍棋專用的 AlphaGo 模型也在 2016 年擊敗人類的世界圍棋冠軍。

不過這是兩個專精的模型，分別在兩個特定的智慧工作上勝過人類。而多模態模型其實是走向強人工智慧（AGI）的一步，即單一個模型就擁有人類多方面的智慧表現，甚至未來在各方面都優於人類，關於這點已可從這裡的簡單示範有概略初步感受。

事實上，OpenAI 確實積極訓練、開發強人工智慧，為此已準備大量資金與大量運算力，並對強人工智慧的表現有了五種程度的定義，由低至高依序如下：

1. 對話式人工智慧（conversational AI）

2. 推論式[3] 人工智慧（reasoning AI）

3. 自主式人工智慧（autonomous AI）

4. 創新式人工智慧（innovating AI）

5. 組織式人工智慧（organizational AI）

目前，ChatGPT 屬於對話式人工智慧，並要邁向推論式。有關推論式也已經有若干進展，後續發展值得各界期待。

3　此處所談的推論（reasoning）與人工智慧執行時的推論（inference，大陸多譯為推理）不同，此處指的是如何如同人類的邏輯思考推斷。

08

與 Ollama 相仿或搭配的軟體

前述章節均以 Ollama、Page Assist 為主進行說明與示範，但**資訊技術**（Information Technology, IT）領域變化快速，以及大語言模型的快速竄升，故在 Ollama 外，也有許多能實現本機端執行 LLM 的軟體，以及許多與 Page Assist 相似的本機端 LLM 介面互動操控軟體，本章將儘可能廣泛地說明此一延伸領域，期望提供各位 Ollama、Page Assist 外的初步引導及參考。

8-1 倚賴與不倚賴 Ollama 的軟體

透過前述章節已可了解，Page Assist 只是一個親和型的操作介面，真正運作的本體是 Ollama，讓大家省去凡事都得用打字方式來命令 Ollama 工作，增進使用效率。

而在此之前我們也約略提到，能與 Ollama 搭配運作的介面軟體不只一套，還有 Open WebUI 或其他等，可自由搭配換替。本書選擇 Page Assist 的主因，在於安裝最直覺且方便，待一切熟悉上手後，各位大可評估與換替成其他介面軟體。

本體與介面分拆，各自專精獨立發展，並可與不同的介面軟體、不同的本體軟體相互搭配，確實是較彈性的做法，事實上，這也是近些年來開放原碼軟體發展上的常態做法。

彈性搭配可讓熟悉軟體技術的資訊技術人員依不同的情境需求再行搭組，但對一般個人用戶而言，通常更需要的是直簡（直覺、簡單），軟體界也確實體會到直簡需求，故也回應推出本體與介面合一的本機端 LLM 軟體。只要安裝一次，本體與介面一次到位，省去分別安裝 Ollama 與 Page Assist 的兩次工序。

不過，Ollama 畢竟已開始受歡迎，也有人認為沒有必要再行打造另一套本體軟體，而是專心發展各種介面軟體，並且讓這些介面軟體的底層都呼叫 Ollama 來實現。本體軟體一套，讓介面軟體多元化發展，或日後可能有比 Ollama 更好、更受歡迎的本體程式，介面程式也可延伸支援另一套本體程式，不需要被原有的本體程式綁限。

所以，現階段兩種路線皆有，作者簡單搜尋了一下，在本體層面持續採行呼叫 Ollama 作法的軟體如 AingDesk、AnythingLLM、Chatbox AI 等，而決議採本體、介面合一作法的則有 GPT4All、Jan、LM Studio 等。由於目前本機端 LLM 相關軟體還在蓬勃發展，後續必然有更多軟體出現，在此只能列舉，難以詳數盡數。

另外，也有一些特別的本機端 LLM 軟體，如 NVIDIA（中文翻譯成輝達、英偉達等）於 2024 年 2 月推出的 NVIDIA ChatRTX（初期稱 Chat with RTX）。從軟體名稱即可知道這套機器人聊天軟體只支援配有 NVIDIA GeForce RTX 顯示卡的電腦，具高度的硬體限制性。

以 NVIDIA 官方資料而言，ChatRTX 至少要有 NVIDIA GeForce RTX 3xxx 系列的顯示卡，此系列最入門為 RTX 3050，2025 年 3 月仍要價 6,000 元新台幣上下。因此，即便 ChatRTX 軟體本身是免費，也仍有所遺憾，ChatRTX 明顯是為了提高 NVIDIA 高階顯示卡的運用價值而存在。

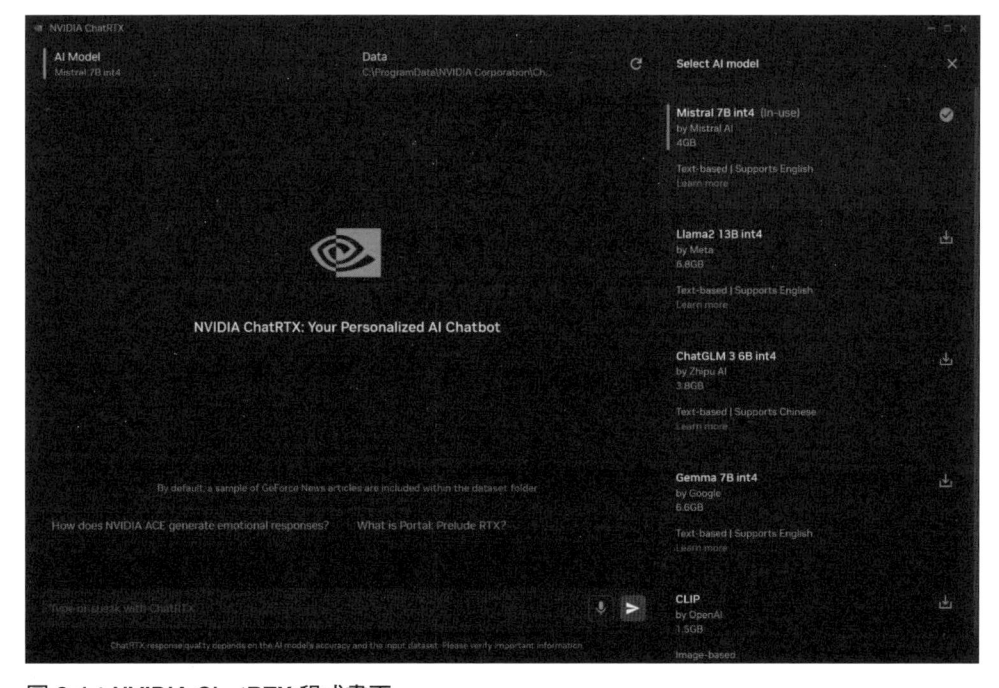

圖 8-1：NVIDIA ChatRTX 程式畫面。
資料來源：**NVIDIA 官網**

或者，也有人看到安裝開放原碼[1]的 AI 應用程式都相當痛苦，軟體經常有軟體元件相依問題、相依版本不一致的錯誤、各自安裝後還需要手動微調設定程序，且程序有時屬高度訣竅、高度神祕，缺乏章法一致性等。

　　故提出一鍵安裝到底的自動化方案，此即 Pinokio（皮諾丘，童話故事裡說謊鼻子會變長的小木偶），或有其他人各別客製出的安裝懶人包等，此方面沒有硬體綁限，也值得關注、評估。

　　以下篇幅將連續介紹三款（依照軟體名稱首字母順序）與 Page Assist 相同，需要倚賴 Ollama 才能運作的 LLM 介面軟體，之後再連續介紹三款不倚賴 Ollama 而能獨立運作的 LLM 軟體，最後也說明一鍵式安裝體驗 AI 應用程式的 Pinokio。

　　每套軟體介紹完簡要背景與安裝過程後，作者也會分享至今為止對該軟體的體驗心得，包含其優缺點等，以供若干參考。部分優缺點已在從前介紹 Page Assist 時約略提及，此處則進一步說明。

1　開放原碼軟體搭組多元、複雜的問題存在已久，近年來嘗試以虛擬化容器（container）軟體技術來減少問題，如 Docker（之前曾簡單提及）、Kubernetes（簡稱 K8s，指首字母 K 與尾字母 s 間有 8 個字母）等，但這只是簡化軟體安裝佈建（deployment），未從軟體開發設計上實現標準或共識，就理想、高標而言，問題獲得緩解，但未根除。

8-2 AingDesk

AingDesk 是一套底層倚賴 Ollama 的 LLM 介面軟體。AingDesk 可在該公司官網（見圖 8-2）或 GitHub 上下載，或者是到「雲原生構建」網站下載。

- AingDesk 官網的下載網址（見圖 8-3）：https://www.aingdesk.com/zh/download/
- GitHub 的下載網址：https://github.com/aingdesk/AingDesk/releases
- 雲原生構建的下載網址：https://cnb.cool/aingdesk/AingDesk/-/releases

圖 8-2：AingDesk 官方網站。

圖 8-3：在官網選擇 Windows 版進行下載，另也提供 Mac 版、Docker 版。

軟體安裝程序：

步驟 1：

軟體下載完成後，用滑鼠雙擊（double click）AingDesk 程式，以啟動安裝程序（見圖 8-4、圖 8-5、圖 8-6、圖 8-7、圖 8-8）。

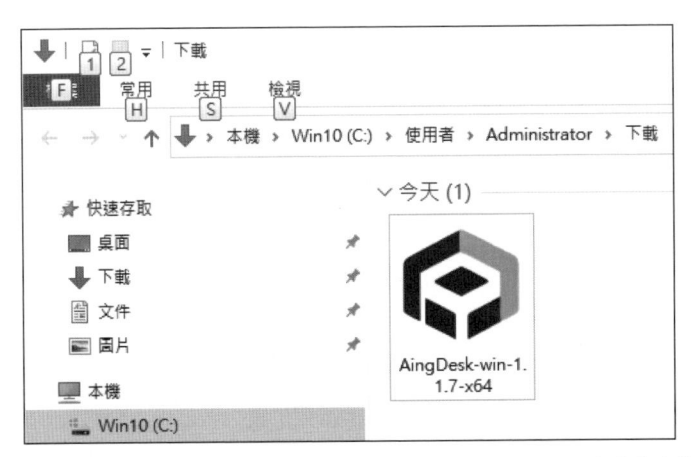

圖 8-4：下載完成後，用滑鼠雙擊（double click）AingDesk 程式，以啟動安裝程序。

08 ・ 與 Ollama 相仿或搭配的軟體

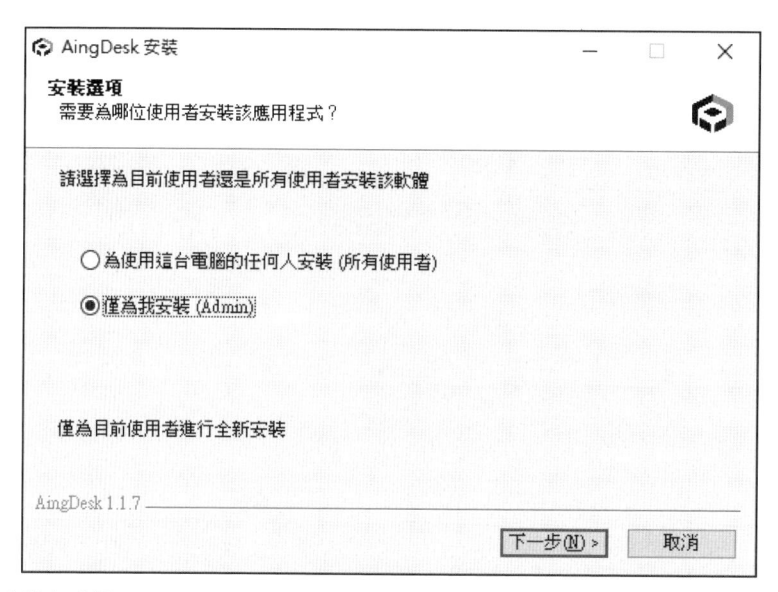

圖 8-5：安裝程式提示：**AingDesk** 只限目前的使用者安裝使用？還是給這部電腦上的所有使用者用？預設是只給目前的使用者，在此為 Administrator（簡稱 Admin）

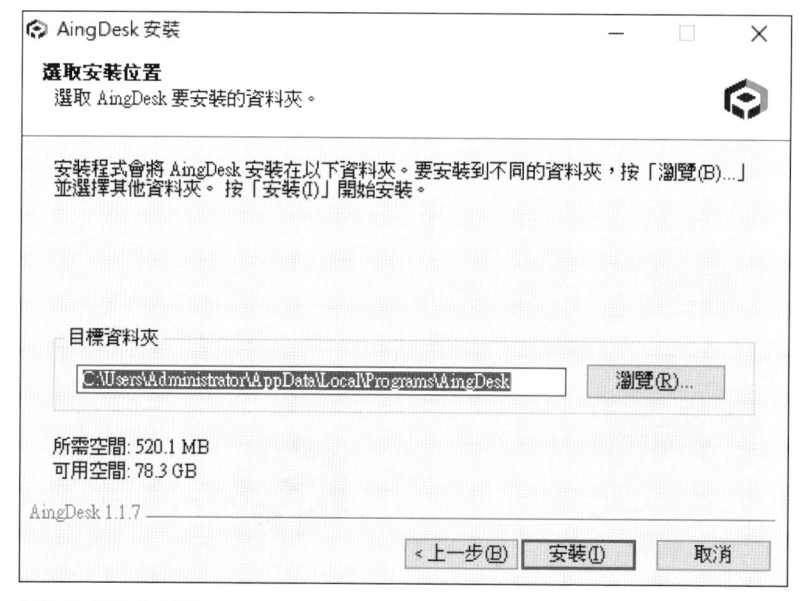

圖 8-6：安裝程式要求確認 **AingDesk** 要安裝的路徑位置，若磁碟空間夠大，建議不用調整，依循預設的設定即可。

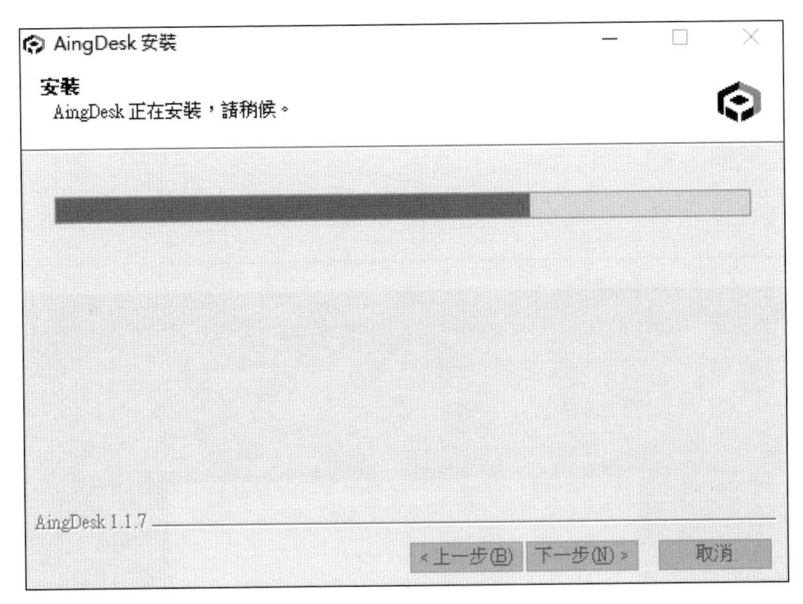

圖 8-7：相關設定均確認後，軟體安裝需要等待一段時間。

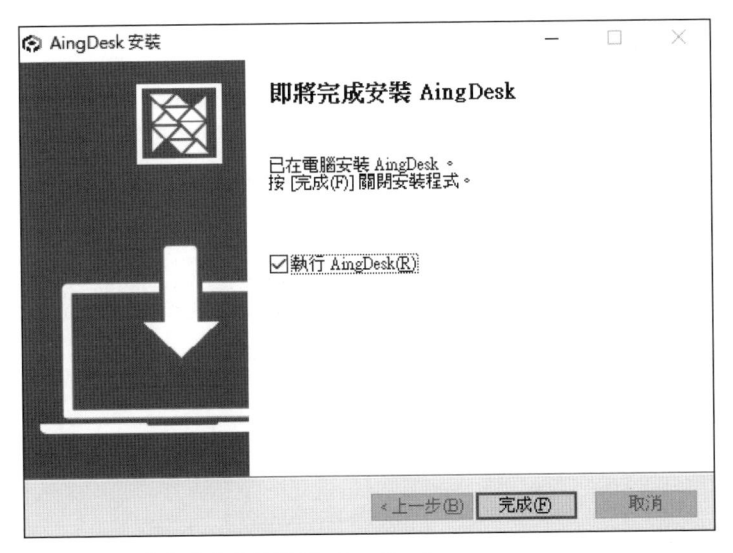

8-8：安裝完成，可立即啟動或之後再啟動 AingDesk。

08 • 與 Ollama 相仿或搭配的軟體　171

步驟 2：

接著在首次啟動 AingDesk 的程序中，AingDesk 若偵測到系統中沒有 Ollama 軟體（稱為模型管理器），則會提示安裝，對此可選擇立即安裝或暫不安裝（見圖 8-9）。

圖 8-9：AingDesk 未偵測到可用的模型管理器，因而發出提示。

步驟 3：

在此若選擇立即安裝，AingDesk 即會自動為用戶下載、安裝 Ollama
（見圖 8-10）。

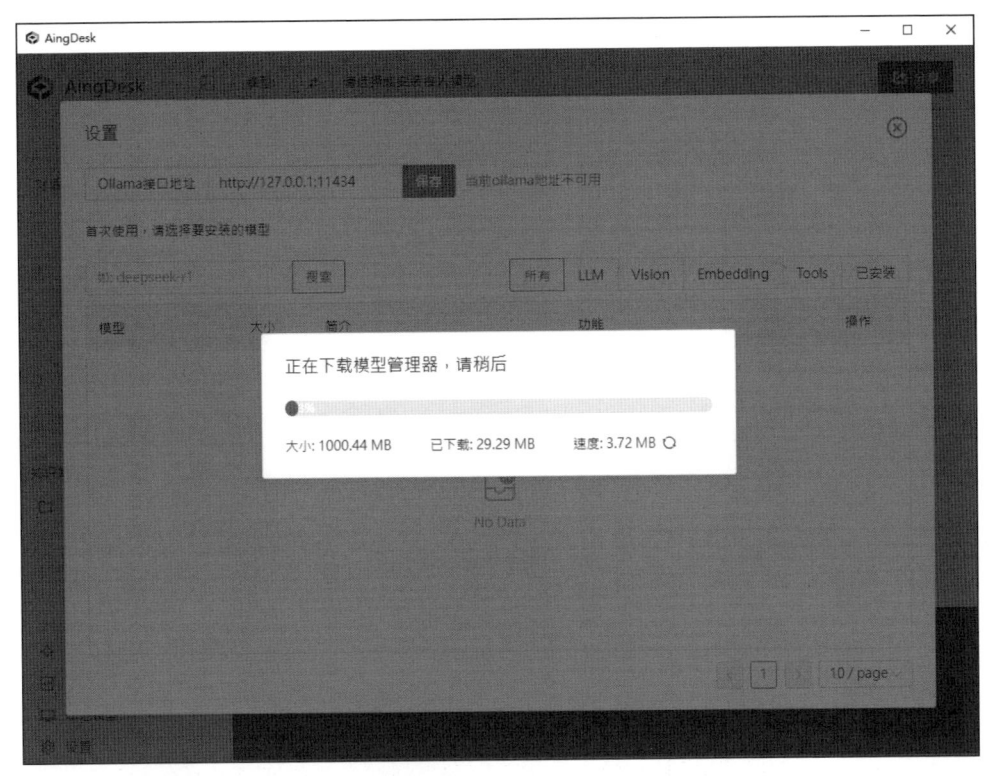

圖 8-10：AingDesk 代為下載、安裝 Ollama。

步驟 4：

　　下載完成後，AingDesk 才有一個可以呼叫的 LLM 本體程式，進一步建議各位選擇主畫面左下角的「設定」，而後把語言切換成「繁體中文」（見圖 8-11）。

圖 8-11：安裝程式未自動切換成繁體中文，改以手動方式切換。

AingDesk 目前有些缺點，即相關的介面、文件以原生開發商的簡體中文為主，以及可選擇切換的外部搜尋引擎、外部線上 LLM 服務（即運用外部服務扮演與本機端 LLM 本體軟體相同的功效角色）等也以對岸為主（圖 8-12、8-13），或許後續在搜尋引擎選項、外部 LLM 線上服務呼叫選項上能持續延伸擴充。

圖 8-12：預設（默認）的搜尋引擎以百度、搜狗為主，未見 Google、Bing 等。

圖 8-13：若不呼叫本機端的 **Ollama**，也可以改呼叫外部的線上 **LLM** 服務，前提是要先具有申請到的應用程式介面金鑰（**API Key**）與設定網址，此方面 **AingDesk** 亦以對岸服務為主，未見 **OpenAI**、**Anthropic**、**xAI** 等公司的服務。

8-3 AnythingLLM

AnythingLLM [2] 既有本機端軟體版，也有雲端服務版，前者稱為 AnythingLLM Desktop，後者稱為 AnythingLLM Cloud。前者可免費下載使用，後者則要收費，每月至少 50 美元。

很明顯的，AnythingLLM 公司期望儘可能讓廣泛的用戶先透過免費的 AnythingLLM Desktop 進行體驗，等用戶熟悉與習慣之後，確定要長期使用、重度使用，或希望導入給團體或組織使用時，能改行付費版的 AnythingLLM Cloud 雲端服務。以下為 AnythingLLM 的下載、安裝程序。

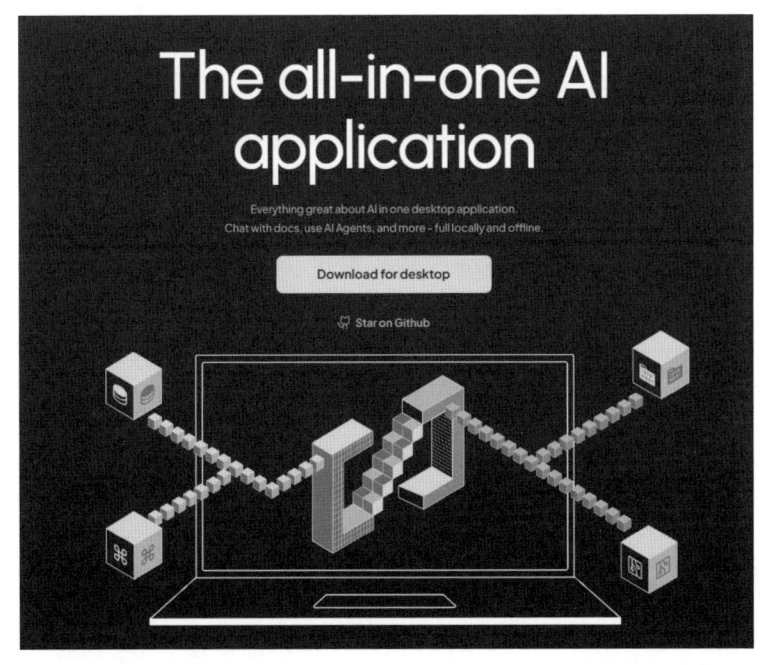

圖 8-14：先用瀏覽器連至官網 https://anythingllm.com/，而後點按「Download for Desktop」。

---

2 AnythingLLM 也有提供 Docker 版的映像檔（image file）可供下載，網址為 https://hub.docker.com/r/mintplexlabs/anythingllm，讓本來有使用 Docker 的人更便於體驗 AnythingLLM。

圖 8-15：選擇中間的「Windows」，而後選擇下方的「Download for Windows (x64)」。

現在許多軟體都有提供多種作業系統的對應版，例如同時有 Windows 版、Linux 版、Mac 版，Mac 版甚至有過往的 x86 版或 Arm 架構的 M 系列版，有的甚至 Windows 版也開始有現行大宗的 x86 版或正在推展的 Arm 版（有時也稱 Windows on Arm, WoA），或者 Linux 也開始在 x86 版外有 Arm 版。

接下來的程序大致與前述的 AingDesk 相同，包含點擊程式啟動安裝、詢問要安裝給哪些使用者帳戶使用？預設的安裝路徑是否妥當？…等，程序的後段會詢問是否要安裝 Ollama **函式庫（library）**，其實就是要不要安裝 Ollama（如果系統不具備的話），這個階段可以選擇跳過安裝，也可以選擇順便安裝。如果沒有裝，就不能正常運作，或單純只用 CPU 來跑，如此對話回應會相當緩慢等提示訊息（見圖 8-16）。

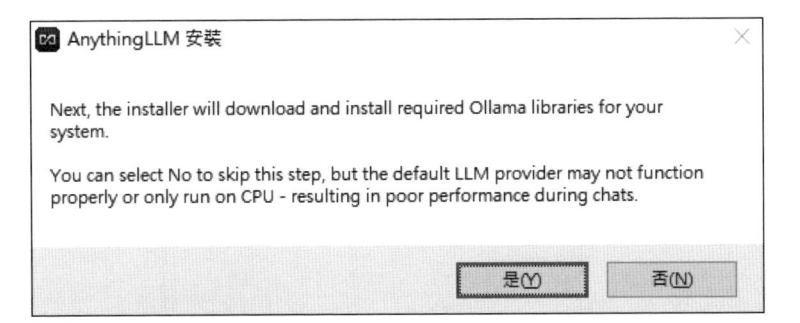

圖 **8-16**：提示可一併安裝 Ollama。

安裝完成後啟動程式，出現初始畫面，參見圖 8-17。

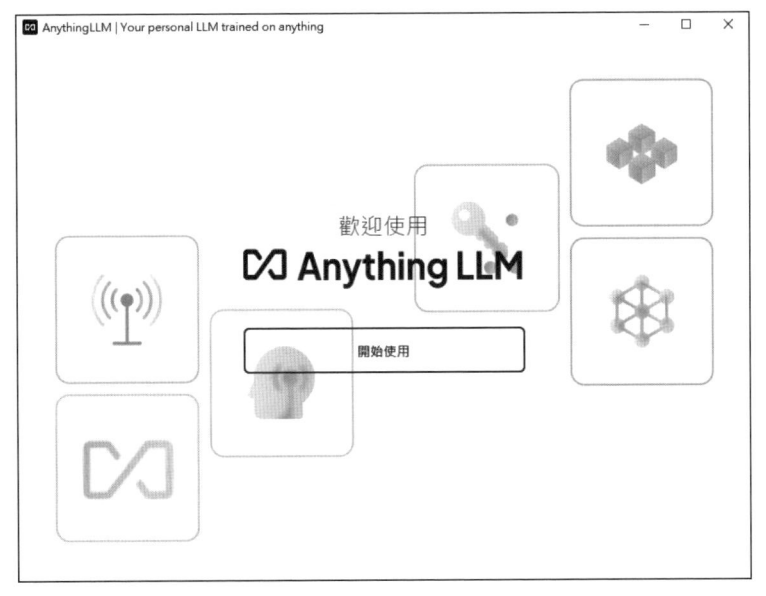

圖 **8-17**：AnythingLLM Desktop 初始畫面。

圖 8-18：AnythingLLM 連接選項提示、模型建議畫面。

　　初始畫面後，很快的 AnythingLLM 會詢問用戶要連接哪一個 LLM 服務，可以是自己本機端的 Ollama，也可以是其他的本機端 LLM 本體程式，如本章後段會介紹的 LM Studio，或者是外部的 LLM 線上服務等，選擇性廣泛。另也有給予建議的使用模型，如 Llama3.2 3B、Phi-3.5 3.8B 等（見圖 8-18）。

　　AnythingLLM 其實已是不錯的 LLM 介面軟體，只是它不是一個瀏覽器延伸程式，而是一個本機端的應用程式。本書考量到多數人已先使用過 ChatGPT 線上服務，故儘可能也是以網頁型介面來說明；且考慮到 Page Assist 的安裝程序更簡便、減少本機端安裝負擔等因素，所以選擇 Page Assist。倘若用戶也能接受本機端應用程式的介面軟體，則 AnythingLLM 為現階段的理想選擇。

8-4 Chatbox AI

前述的 AingDesk、AnythingLLM 屬於本機端的 LLM 介面軟體，且以個人電腦為主（Windows、Linux、Mac 等），而 Page Assist 以網頁介面為主，至於 Chatbox [3] AI 則是有個人電腦版、網頁版，還有手機版，介面選項可說是最廣。

特別是 Chatbox AI 的電腦版有 x86 Mac 版、Arm Mac 版、x86 Linux 版、Arm Linux 版，不過至 2025 年 3 月尚無 WoA 版；網頁版方面，甚至不需要安裝瀏覽器延伸程式，直接使用網址（https://web.chatboxai.app/）即可。不過對話資料也會記錄在雲端（遠端），失去本機端的一些好處，如隱私、斷網保持運作等。

另外，手機版既可以透過 App Store 安裝 iOS 版，也可以透過 Google Play 安裝 Android 版，或者可以直接下載 .apk 檔，而後自己手動安裝到 Android 手機中。其他好處也包含繁體中文化的程度較高等。

以下簡單說明 Windows 版程序（見圖 8-19）。

圖 8-19：先至 Chatbox AI 官方網址 https://chatboxai.app/，選擇「免費下載（for Windows）」

---

3 Chatbox 與聊天機器人 Chatbot 只差最後一個字母，用關鍵字搜尋時容易被搜尋引擎認為使用者打錯字，而自動導向 Chatbot 的搜尋。

之後一路上的安裝程序同於前述的 AingDesk、AnythingLLM，在此不贅述。之後首次啟動 Chatbox AI 時，就會提示要使用雲端的 Chatbox AI Cloud 的線上 LLM 服務（後端統合多個知名 LLM 線上服務），還是要個別指定雲端線上服務（需要有 API Key）以及本機端的 LLM 服務，在此處稱為「本地模型」（見圖 8-20）。

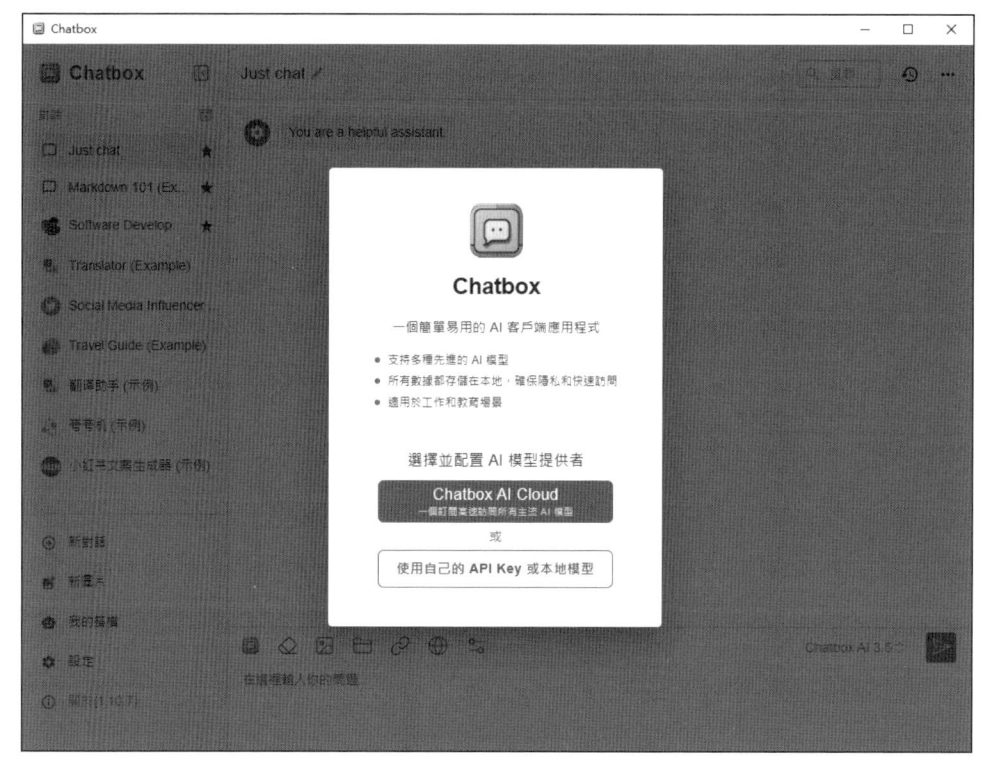

圖 8-20：初始畫面要求選擇 LLM 服務的來源，包含 Chatbox 官方線上服務、其他業者的線上服務或本地模型。

圖 8-21：Chatbox AI 可以選擇各種本機端、雲端的 LLM 服務來源。

　　在此先選擇下方的「使用自己的 API Key 或本地模型」，然後點擊主畫面中左下角的「設定」，如此即可進一步選擇本地端的 Ollama 本體程式來與 Chatbox 呼應運作（見圖 8-21）。

　　其實與 AnythingLLM 相同的，Chatbox AI 也是期望廣大用戶最終能訂閱官方線上服務。最初階的 Chatbox AI Lite 每月需要 3.99 美元（隨時可停止訂閱），若是年約月繳（確定會使用一年，但採取每月繳費，如此月費會有折扣）則為 3.5 美元。

8-5 GPT4All

　　GPT4All 其實即有 GPT for All 的意思；GPT4All 不需要 Ollama 也可以獨立運作，自身包含了本體也包含了介面。以下為 Windows 版主要安裝程序（見圖 8-22）。

圖 8-22：至官方網址下載 **GPT4All**，網址 **https://www.nomic.ai/GPT4All**，選擇 **Download for Windows**。

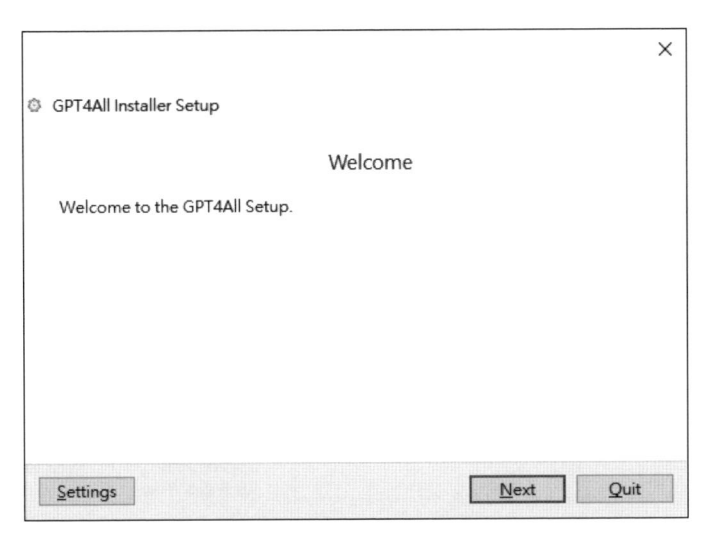

圖 8-23：與前述應用程式的程序稍有不同，先進入一個歡迎畫面，再按「Next」繼續。

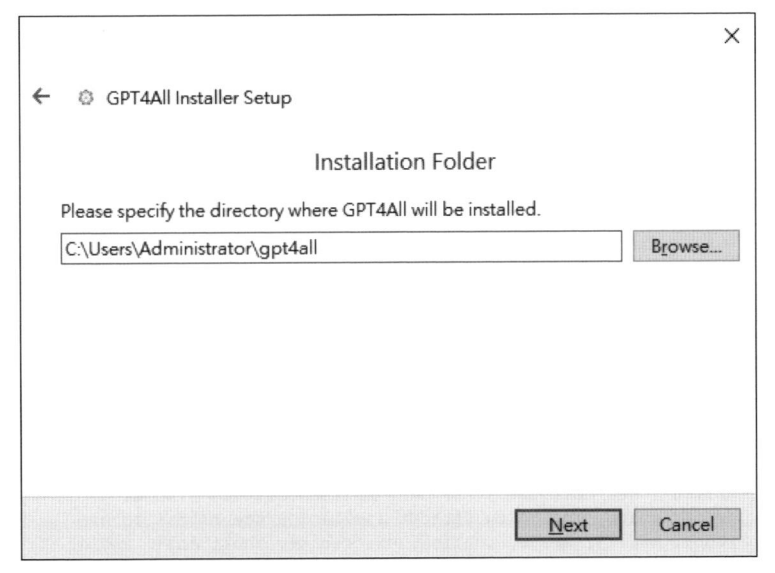

圖 8-24：接著不可免俗地請安裝者確認安裝的路徑位置。

08 • 與 Ollama 相仿或搭配的軟體　185

圖 8-25：接著要確認安裝的元件，其實只有 **GPT4All** 可以選，但要確認安裝位置至少有 **1.77GB** 的硬碟儲存空間才行。

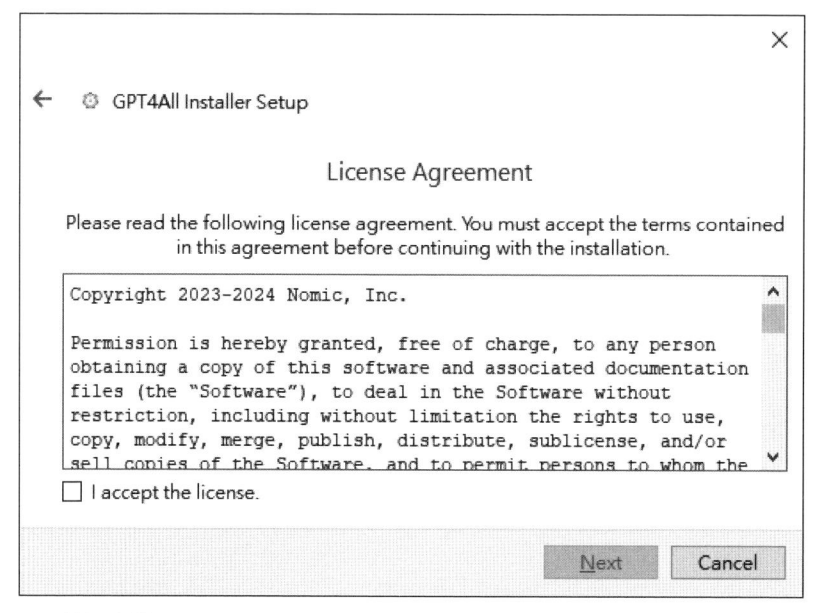

圖 8-26：比其他安裝程式更正式一點，要求安裝前必須接受相關協議，在此勾選「**I accept the license**」而後按「**Next**」。

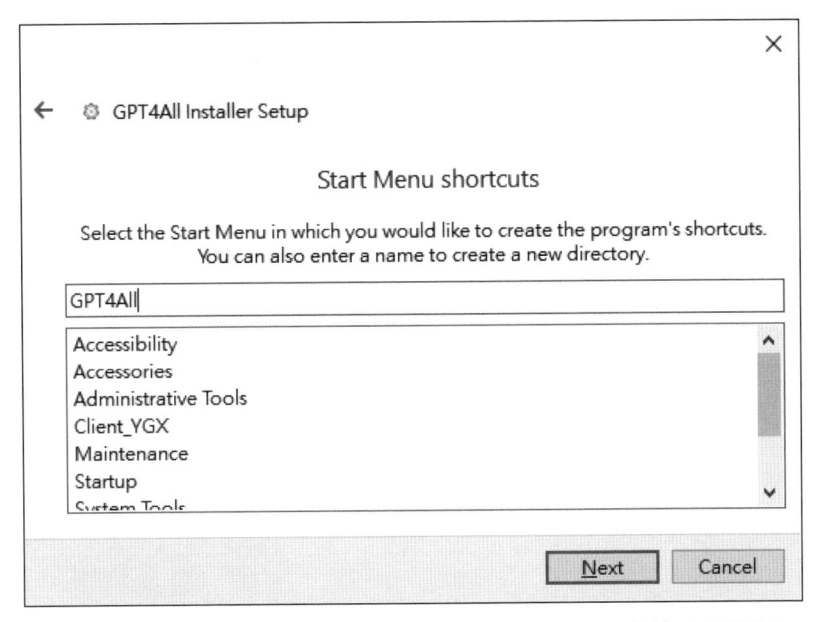

圖 8-27：進一步確認在開始選單上的程式啟動捷徑名稱與位置，直接接受預設的即可，隨即直接按下「Next」。

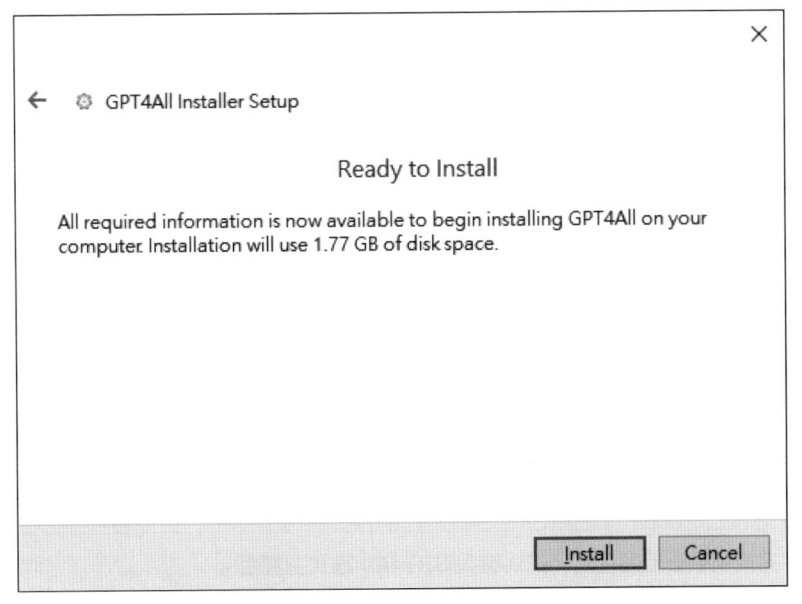

圖 8-28：以上僅是各種整備與確認，這時才正式進入安裝，請按「Install」。

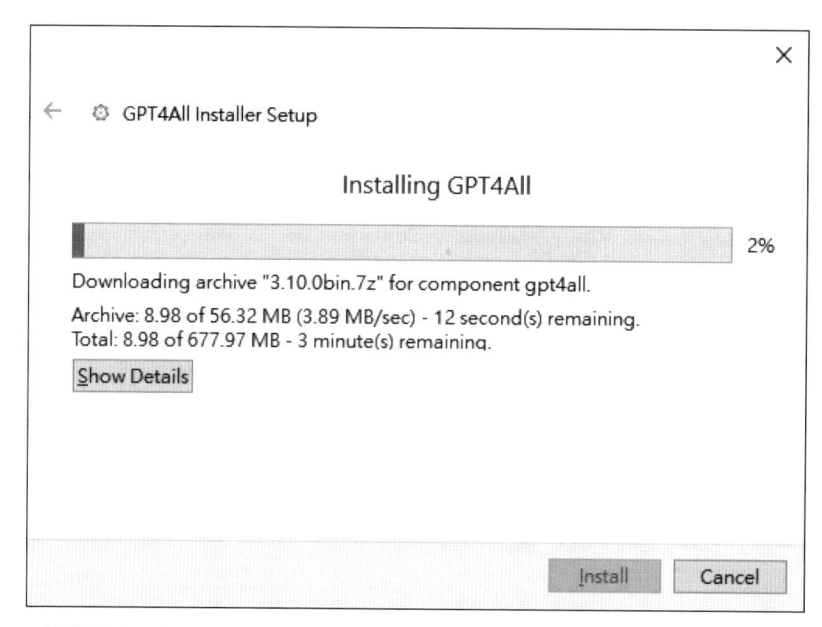

圖 8-29：接著會有一段略漫長的安裝程序，因為 GPT4All 的安裝程式很小，一旦啟動安裝，才會從網路上大量下載軟體元件來安裝，故安裝時間會久一些。

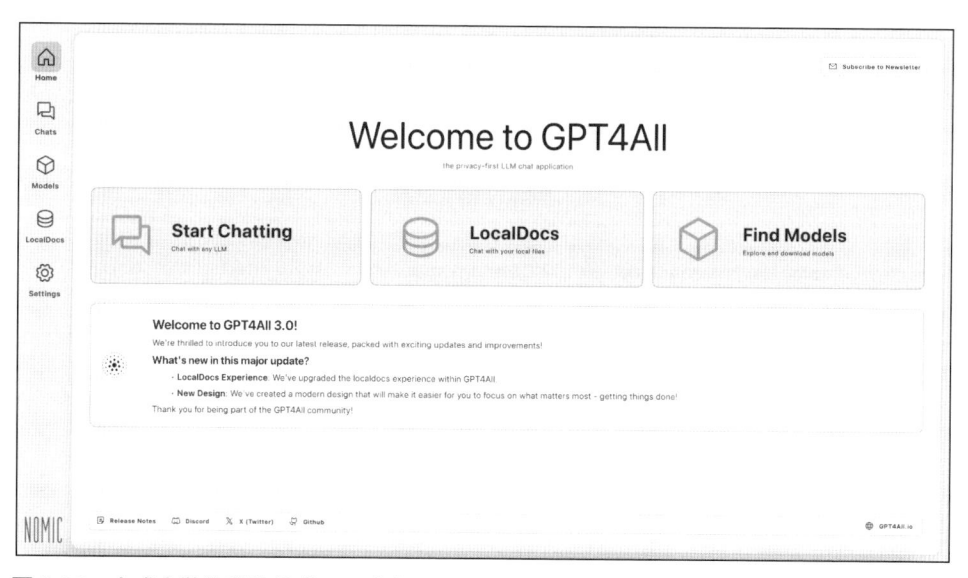

圖 8-30：完成安裝後啟動程式，正式進入 GPT4All 程式主畫面。

對追求簡單的人而言，好像 GPT4All 比 Ollama＋Page Assist 還要理想，但作者不以 GPT4All 為主，展開各種解說有幾個考量；一是 GPT4All 在某些系統中安裝完後無法啟動，即點擊程式圖示毫無動靜或很快閃退（程式無預警自行關閉）。

對此，作者嘗試用比較早期版本的 GPT4All 可解，但較早期版本安裝完啟動後很快會發出提示訊息，期望使用者能更新軟體，更新之後又會再次出現無動靜、閃退等問題，甚至過舊的版本若拒絕更新、忽略更新的提示訊息，則無法進一步操作使用。

另一同樣與不穩有關，有時操作到一半會閃退，或者在使用 RAG 功能期望系統消化吸收指定的資訊時，消化進度跑到一半也會閃退。加上 GPT4All 在模型的選擇性上約 20 餘套，不及 Ollama 多樣豐富，經一番權衡後，依然以 Ollama 為主來說明。

8-6 Jan

Homebrew Computer 公司的 Jan 早在 2023 年 10 月即有 0.2.0 版,而至 2025 年 2 月則推進 0.5.15 版,尚未是 1.0 正式版。有關安裝程序不再贅述,官方網站與相關下載為 https://jan.ai/,直接進入程式主畫面(見圖 8-31)。

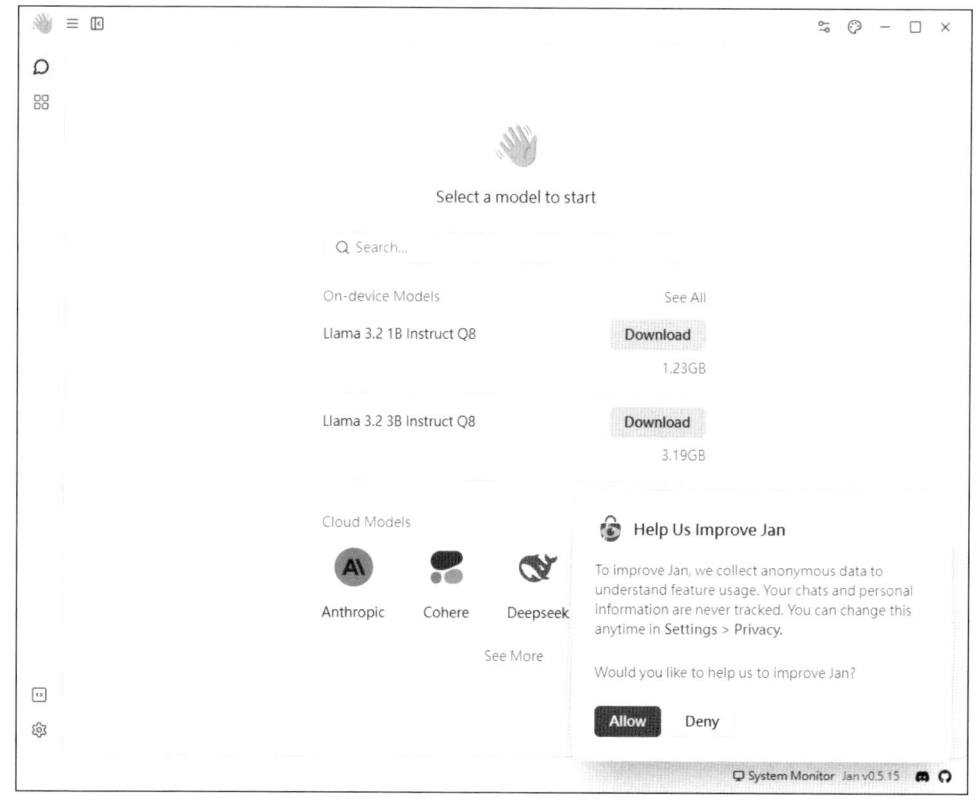

圖 8-31:Jan 的程式主畫面,初始啟動會提示是否願意上傳一些匿名資料供其分析,以利之後持續強化改進 Jan,此可接受(**Allow**)或不接受(**Deny**)。

Jan 的一個好處是可以直接支援「.gguf」[4]（GPT-Generated Unified Format）格式的模型檔案，下載後的檔案只要手動**匯入（import）**功能即可（見圖 8-32）。

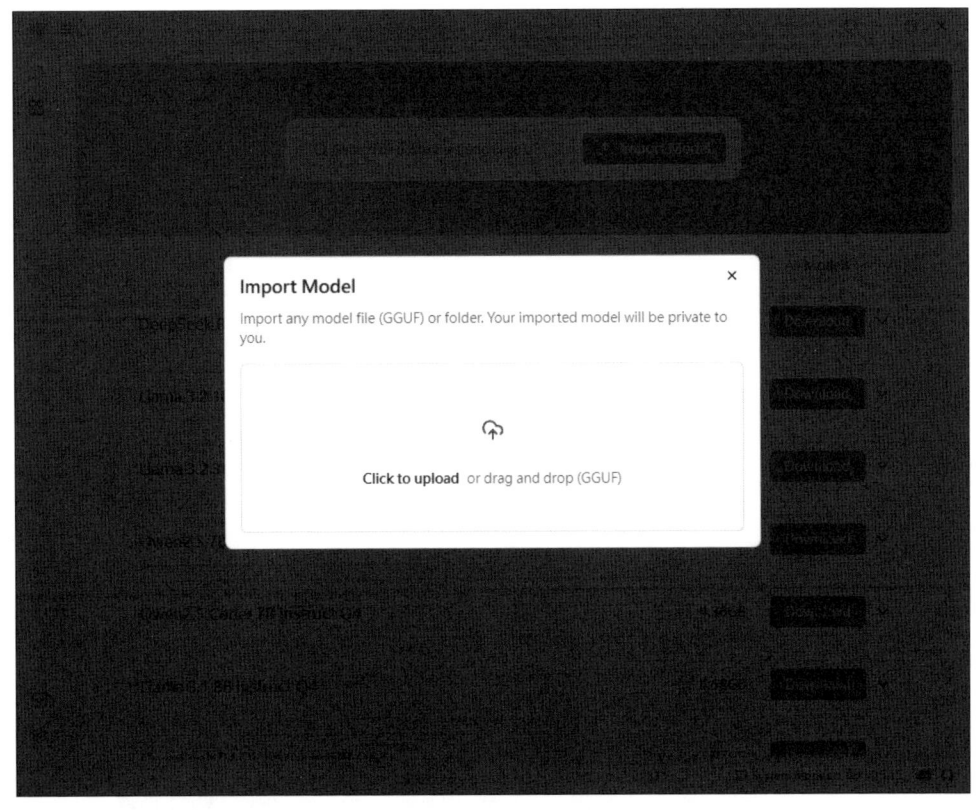

圖 8-32：Jan 可以直接使用「.gguf」格式的大語言模型檔案。

---

4 其實透過手動轉換也是可以把「.gguf」格式的模型轉換成 Ollama 可以使用的模型，詳細步驟不在此展開，或可參考部落格主 YWC 的專文：https://ywctech.net/ml-ai/ollama-import-custom-gguf/。

08 ・ 與 Ollama 相仿或搭配的軟體

Jan 官方支援的模型約百款上下，遠比 GPT4All 多，可與 Ollama 相比擬。同時還沒正式下載模型前已經衡量過本機端的效能與儲存空間，某些較大的模型會事先提示你的電腦運作起來會很慢（Slow on your device）或記憶體不夠大（Not enough RAM）等，可省去下載後才發現不堪執行的白工，此設計很體貼（見圖 8-33）。

模型	大小	狀態	
Phi-3 Medium Instruct Q4	7.79GB		Download
Gemma 2 27B Q4	15.46GB		Download
Qwen2.5 32B Instruct Q4	18.53GB		Download
Deepseek Coder 33B Instruct Q4	18.57GB		Download
Phind 34B Q4	18.83GB		Download
Yi 34B Q4	19.24GB		Download
Command-R v01 34B Q4	20.02GB	Slow on your device	Download
Aya 23 35B Q4	20.08GB	Slow on your device	Download
Mixtral 8x7B Instruct Q4	24.62GB	Slow on your device	Download
Llama 3.1 70B Instruct Q4	39.58GB	Not enough RAM	Download

圖 8-33：Jan 可預先提示效能不足或記憶體不足。

8-7 LM Studio

LM Studio 顧名思義是**語言模型（Language Model）**的工作室（Studio），許多軟體公司喜歡將「Studio」一詞用於其軟體產品名中，如 Microsoft 的程式開發工具軟體為 Visual Studio，或 Autodesk 公司的立體模型開發軟體 3ds Max 過去也稱為 3D Studio，或 Google 的 AI Studio 等。

LM Studio 安裝程序與前述的 AingDesk、AnythingLLM 類似，不再贅述，官方網站與相關下載位置為 https://lmstudio.ai/，安裝完成後進入的初始畫面如下（見圖 8-34）。

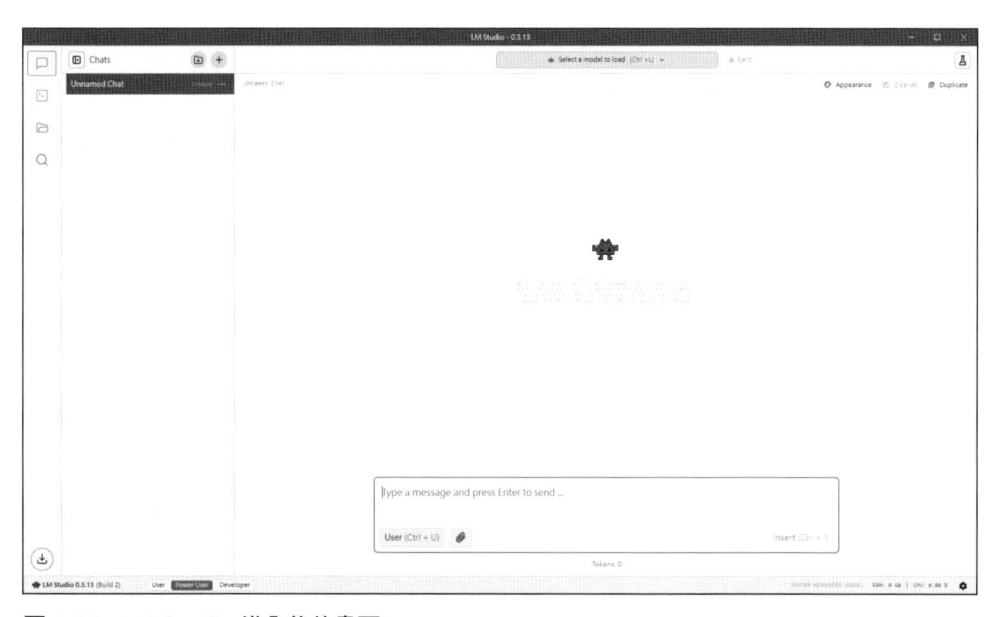

圖 8-34：LM Studio 進入後的畫面。

LM Studio 有諸多優點，也有若干缺點；優點例如能切換用戶身分，如 User、Power User、Developer 等選擇，方便一般用戶、電腦玩家、程式設計師等不同身分者使用。

　　或者 LM Studio 在程式畫面的底部狀態列中直接顯示目前 LLM 的硬體資源消耗狀況，包含 RAM 記憶體已經用了多少 GB、CPU 處理器已經用了多少運算力佔比（％）等，畢竟現階段的 LLM 都相當耗用電腦效能與資源，此一設計相當親和且實用。有的軟體也有類似的功能，但必須額外點擊操作後才能展開資訊提供檢視。至於 LM Studio 的缺點是至 0.3.13 版尚不具備 RAG 功能。

8-8 Pinokio

前述的 LLM 軟體多是「文生文」相關的應用，但大語言模型、生成式人工智慧還有更多廣泛的應用，例如相片換臉應用、文生圖、圖生圖等應用，這些新興的 AI 應用程式其實不似以前所述的 Ollama、Page Assist 般容易安裝，通常有諸多軟體元件要事先安裝，最終才能安裝完成 AI 應用，對單純只想儘快進入應用程式的人來說挫折很多。

因此，有人推出儘可能減少手動工序、儘可能一鍵自動化安裝的 Pinokio，適合各位快速體驗各種新興 AI 應用，下載與安裝程序如下。

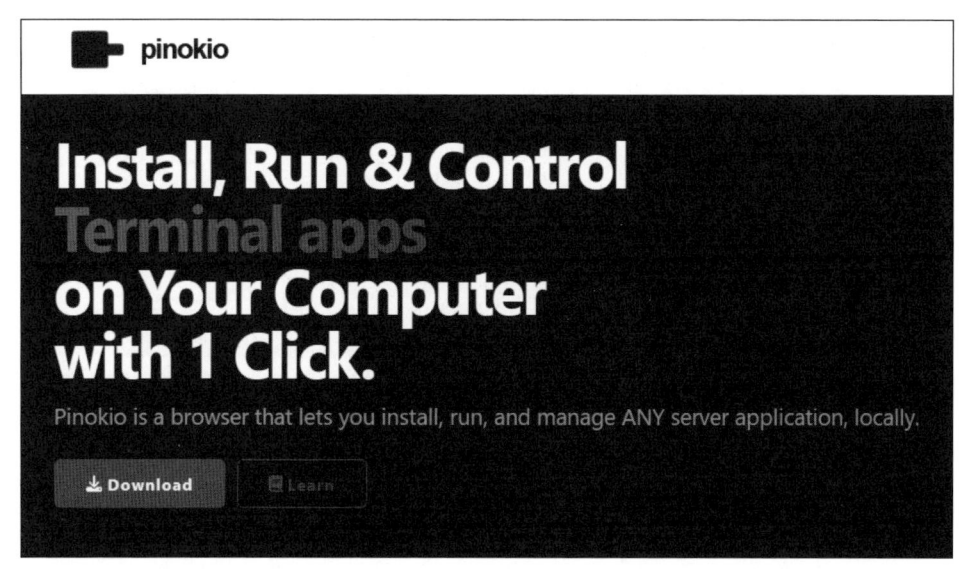

圖 8-35：先至 Pinokio 官網 https://pinokio.computer/，並按下左下方的「Download」。

之後選擇下載 Windows 版，如此會下載一個壓縮檔，待壓縮檔解開後點擊才會啟動執行作業，不過很快會發現 Windows 作業系統出現提示警告（見圖 8-36）。

圖 8-36：**Windows** 內建的資安防禦系統啟動，認為該程式可能有風險，建議「不要執行」，但為了順利安裝 **Pinokio**，必須先按「其他資訊」。

Windows 之所以產生警示，主要是因為 Pinokio 的軟體開發商尚未在 Microsoft 官方註冊認可的清單內，故出現「不明的發行者」警示，這其實是 Pinokio 未妥善處理的地方，在此為了順利安裝，只好妥協地按下「仍要執行」（見圖 8-37）。

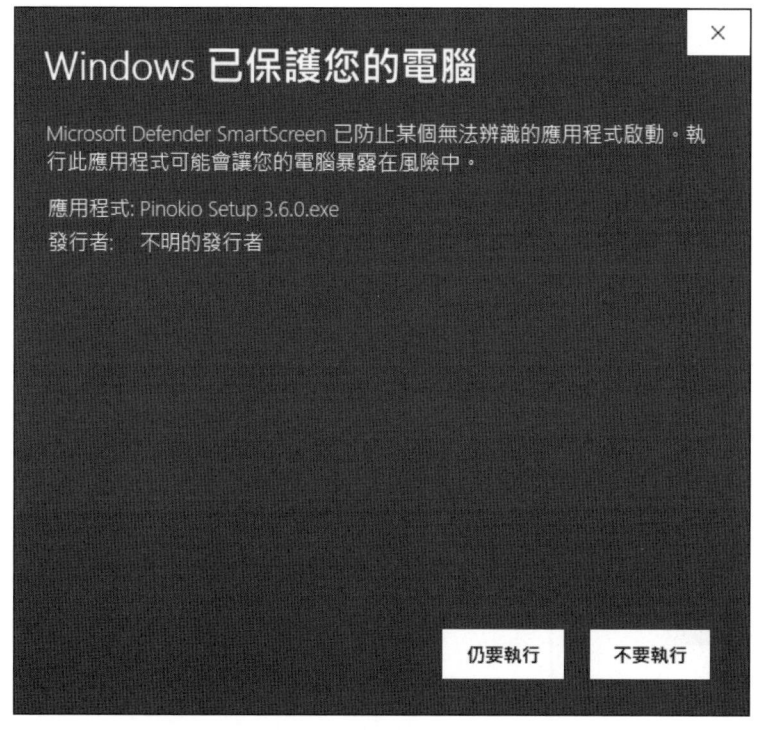

圖 8-37：仍要執行不明軟體發行商的程式，這其實不太妥當。

之後程式會進入 **Settings（設定）**頁面，確認安裝的路徑為 C:\pinokio。這裡有提示安裝路徑不可以有空白字元，以及安裝的硬碟空間不可以是「exFAT」檔案格式，一般情況不會有。另外，程式畫面的背景色是要 light（亮）或 dark（暗），也可以在這時選擇（見圖 8-38）。

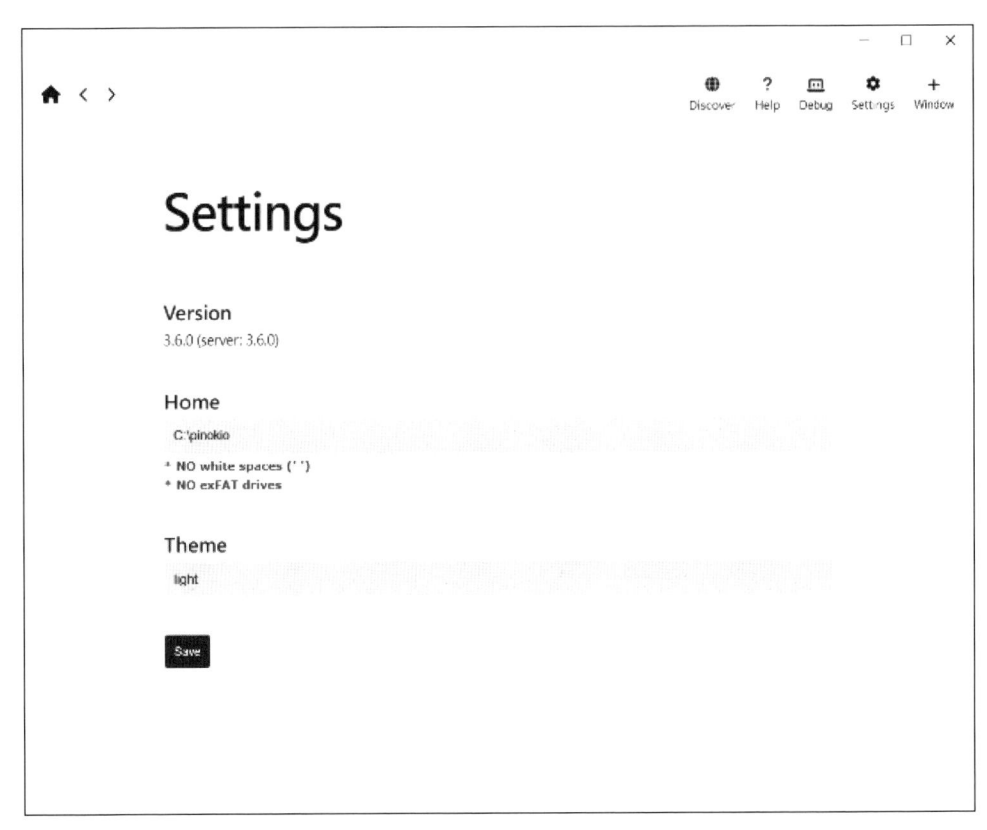

圖 8-38：Pinokio 的設定畫面。

至此已安裝完成，初始畫面（見圖 8-39）出現後，按下畫面正中間位置的「**Visit Discover Page（探索頁面）**」。

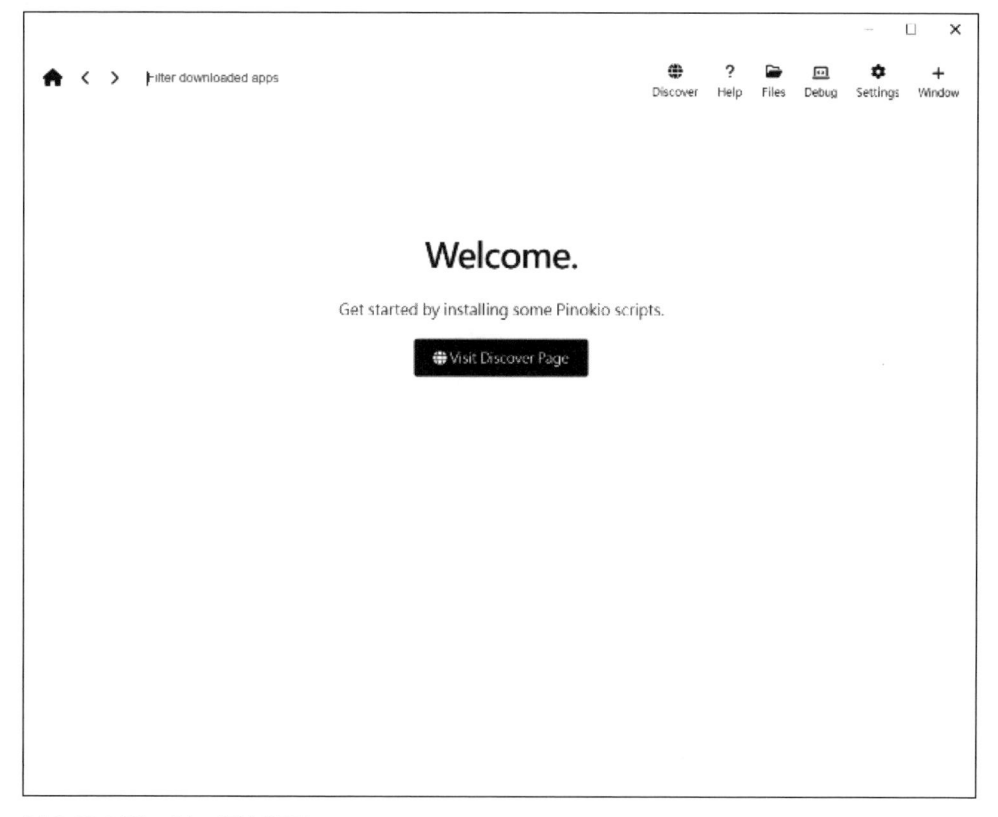

圖 8-39：Pinokio 初始畫面。

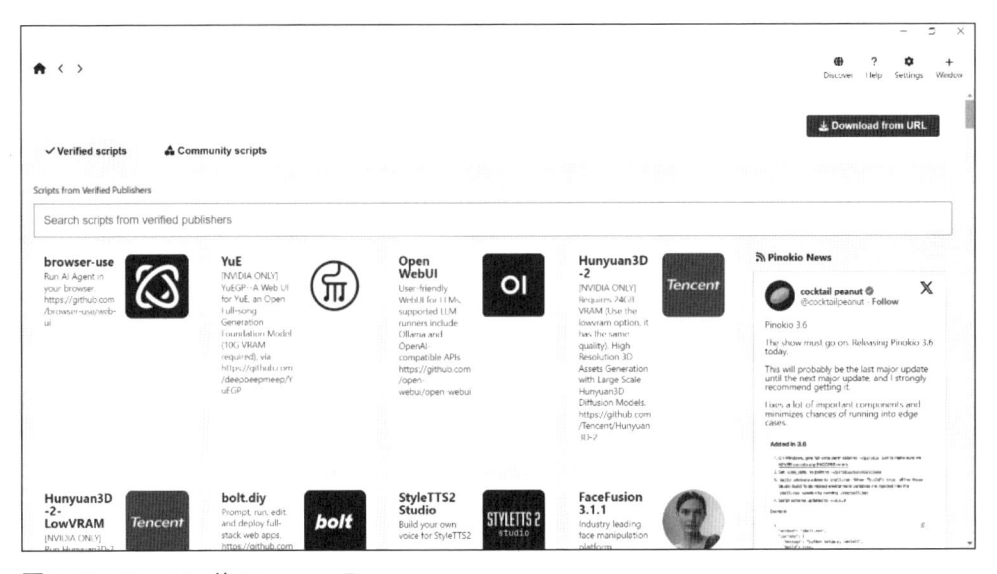

圖 8-40：Pinokio 的 Discover Page。

　　探索頁面出現後，各位就如同上了 App Store、Google Play 一樣，有一堆（100 套以上）現成已上架的 AI 應用程式等待各位評估、選擇（見圖 8-40）。

圖 8-41：FaceFusion 軟體。

瀏覽一陣子後，或在上方文字列輸入關鍵字進行搜尋，覺得哪個想進一步看的，就再點擊進去，便會有該軟體更詳細的說明。若是滿意了，再按「Download」，在此以 FaceFusion 這套軟體為例。點選後，便有更多說明（見圖 8-41），之後再按下「Download」，會列出哪些相依軟體還沒安裝，Pinokio 將會一併安裝（見圖 8-42）。

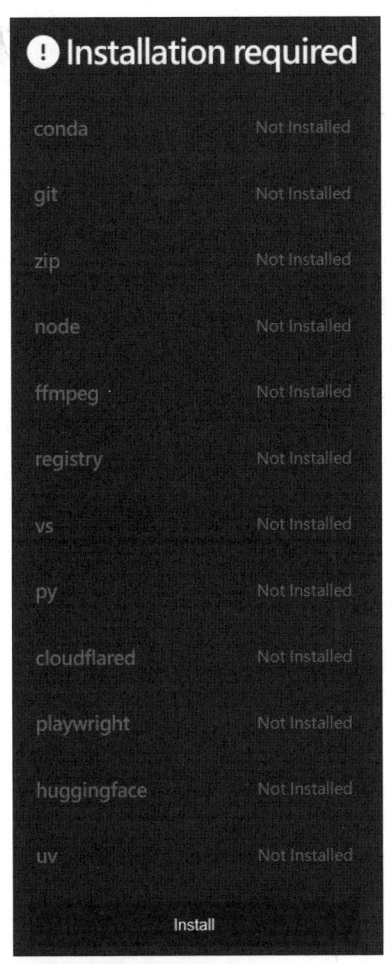

圖 8-42：列出安裝 FaceFusion 所需要的軟體元件。

08・與 Ollama 相仿或搭配的軟體　　201

之後就是一連串的元件安裝程序，甚至在安裝完成後，FaceFusion 還要再跑一下該應用程式內的特定安裝，最後才能使用（見圖 8-43、圖 8-44）。

圖 8-43：安裝完成的訊息。

圖 8-44：正式進入 FaceFusion 的主程式畫面。

安裝完成後，就是摸索、學習、嘗試使用 FaceFusion，這又是另一堂課了。最後，各位或許會進一步好奇 Pinokio 自動化安裝的機理為何？其實 Pinokio 只是幫忙跑各種劇本（script）、腳本（日本說法）語言程式而已。

　　但即便如此，Pinokio 的 Discover Page 提供已驗證過的 script，也提供社群（community）貢獻的 script，如果各位求系統安穩的話，建議以驗證過的 script 為主，畢竟社群提交的尚未進行夠嚴謹的驗證。

8-9 更多建議

歸結前述，其實各軟體都有些許不足處，包含 Ollama 自身也是，僅是現階段較理想的選擇，但軟體都會持續精進更新，未來亦有可能其他的軟體有更理想的整體表現，屆時各位即可重新評估是否換用其他軟體。

另外，也建議各位儘可能在實驗用電腦或空機電腦上使用這些軟體，儘可能避免使用例行正常工作用的電腦、課業用電腦，以避免意外風險，畢竟這些軟體都還很新。

此外，各位可能也想要用**虛擬機器（Virtual Machine, VM**，如 VMware Workstation 或 VirtualBox 等）或舊電腦來跑，不過不太建議，原因是 LLM 非常吃資源，除非極高規的電腦才適合虛擬化，或電腦還不是很舊，或許可行。

除了不建議用虛擬機器跑 LLM 外，其實也不建議用**虛擬記憶體（virtual memory）**手法跑 LLM。虛擬記憶體是在真實的系統主記憶體容量不足時，運用硬碟空間（無論是機械硬碟或固態硬碟均可）來充當延伸的系統主記憶體。會有此想法者，可能是認為自身電腦的運算力仍充足，只是記憶體不足，如此不能跑大參數的模型有些可惜，故試圖用虛擬記憶體技術來擴增記憶體容量。

此舉雖然技術上可行，但不實用，因為即便是使用固態硬碟，其存取效率依然遠低落於系統主記憶體。虛擬記憶體可以欺騙作業系統上跑的應用程式，使其能順利執行，但處理器與作業系統必須頻繁的切換硬碟與記憶體間的資訊，電腦效能會折損，加上固態硬碟會成為整體系統運作上的效能瓶頸，整個回話、回應會相當慢，使人難以接受，故說不實用，僅屬可行的電腦特技。

09
建議與展望

在連續數章的背景知識、技術與實務操作說明後,本章回歸到與第一章相似的認知須知說明,提供各位建立基礎後的相關建議,建議包含實務操作、技術展望關注、應用探索、應用落實、道德倫理等,期許相關的建議能成為各位日後持續探索、深化運用 LLM 的動力。

9-1 實務操作建議：摸索設定與釋放硬體潛力

本書所提及的實務操作已儘可能基礎與簡化，特別是在第 2 章力求儘快獲得本機端 LLM 建立後的互動效果、體驗感受，即便之後的章節持續以第 2 章為基礎進行各種背景知識補充、實務操作說明，也不可能在此書中全盤詳整說明一切。

因此，許多主要、次要設定的相關細節，建議各位可以多加嘗試調整，了解不同的設定對模型輸出結果的影響，從而讓自己的本機端 LLM 應用更有效率、更具價值。

特別是一些與硬體加速支援相關的設定，例如 LLM 軟體是否真確偵測到加速硬體的存在並使用，一般而言，以 NVIDIA GPU 最後廣泛支援，但是否正確設定也需要檢查一下，或者有些軟體已經有更廣泛的支援。

例如 Ollama 已在 2024 年 3 月支援 AMD 的 Radeon 系列 GPU（也包含 AMD 的 Instinct 系列，Instinct 系列以資料中心為主要市場），或 LM Studio 在 2024 年 11 月支援 AMD Ryzen 系列 CPU，以及可能有軟體商也支援 Intel NPU、Apple M 系列 CPU 等，儘可能透過設定摸索與確認，讓已有的硬體效能、硬體資源支援 LLM 軟體運作執行。

圖 9-1：Ollama 官網部落格專文明確表示開始支援 AMD GPU 顯示卡。

9-2 技術展望關注建議：AI 幻覺改善、根治技術

　　LLM 現階段最令人頭痛的莫過於「一本正經地胡說八道」，說話前後不一（有如數位萬花筒）等語無倫次的幻覺狀況，已有科技觀察家認為，若持續無法抑制、根除幻覺問題，LLM 遲遲無法實務化應用，則可能會成為泡沫。

　　本書前述章節介紹過的 RAG 僅能些微或程度性緩解問題，目前業界仍積極嘗試改善或解決幻覺問題，其中 OpenAI o1 模型發表後，各界開始關注**推理模型（reasoning model）**及**思想鏈（Chain of Thought, COT**，或稱**思維鏈）**等技術發展。

　　由於 LLM 仍在積極發展演化，故後續建議各位留意各種有助於緩解、消除 LLM 幻覺的技術，推理模型與思想鏈僅為近期動向，後續必然會有更多的技術提案、技術主張出現。

9-3 應用探索建議：嘗試更多元的模型應用

　　本書著重於「文生文」的 LLM 應用，以及些許的 VLM 視覺語言模型應用，但 LLM 的輸入與輸出均在多元化發展，例如可以圖生圖、圖生文、聲生文（會議的語音記錄後立即節錄會議重點與摘要）、生出劇本、生出程式碼、生出 3D 模型等，以及其他有待探索的新應用方式，而前章後段所介紹的 Pinokio，即是一個合適的多元嘗試起點。

9-4 應用落實建議：建立或融入知識管理體系

雖然在自己的電腦上建立起 LLM 確實具有趣味與成就，但有可能與 LLM 互動一陣子後就不再使用，這可能是覺得自己並不常在公眾的 LLM 服務上洩漏隱私，或對隱私洩漏並不敏感，且公眾版本來就有免費額度足夠使用，沒有必要自建，但更可能的是僅把本機端 LLM 視為一種時髦新潮的資訊玩具，一旦玩具失去新鮮感，自然不會再用。

因此，持續使用本機端的 LLM 需要具有比玩具更大、更持久的價值支撐，即提升成工具，包含是個人工具或是工作小組的工具，至於更大編制人員的使用，則已是企業性需求，具有預算與技術，已較無必要使用免費、自建的 LLM 系統。

對於個人而言，持續使用本機端 LLM 的最大可能在於**個人知識管理（Personal Knowledge Management, PKM）**，過往個人知識管理主要是記事本，包含 Microsoft OneNote，或近年來興起的 Evernote、Notion、HackMD、Obsidian 等。

另一是智慧搜尋訂閱，由個人設定若干關鍵字，之後由軟體自動不斷關注網路時事與內容，從而幫個人網羅、摘錄關鍵字相關的新訊息，類似自動的剪報（新聞摘錄）軟體，如 Google 快訊，以及還有類型的知識管理軟體工具等。

而本機端 LLM 也可以成為新的 PKM 工具，例如突然想養貓，可以先行收集養貓相關資訊，統統餵入本機端 LLM，並引入 RAG，之後再進行問答，使個人學習更快掌握眉目、頭緒、上軌道。類似的，旅遊評估、新家電採購、新技能學習等也能比照運用。

事實上，目前也有業者推出更貼近個人知識管理需求的 LLM 線上應用，例如 OpenAI 的 Deep Research，某種程度將智慧搜尋訂閱與 LLM 結合，省去使用者手動收集 RAG 消化所需的資料內容。另外，AI 新創商 Perplexity 也有名為 Deep Research 的服務。

9-5 道德倫理建議：避免誤信、誤用、濫信、濫用

既然 LLM 容易胡言亂語，自然不可輕信其回應內容，甚至現階段只能視為各種關鍵字搜尋結果均不理想，最下策的情況下使用 LLM 詢問，或視為已收集、消化資訊的另一種輔助確認。

由於 AI 模型餵入大量資料後，透過大量運算力即完成練就（依然有少量、若干人力介入），目前 AI 模型多又多，誤用、濫用 AI 的情形也增多，例如紀錄片《編碼歧視（Coded Bias）》（或稱編碼偏見，實際意涵是程式撰寫上的偏差，在此指 AI 模型訓練過程中即摻入偏差，導致某些人被歧視或受害）即揭露一則實際受害案例：德州某中學的教師長期獲得最佳教學獎，但在該校導入 AI 的教學評鑑系統後，系統評斷該教師「教學成效低落應當開除」，最終教師告上法院，因為 AI 演算法並不透明。

圖 9-2：知名紀錄片《編碼歧視》。

為了避免誤用、濫用，2024 年歐盟頒佈並實施人工智慧法案（AI Act），強調 AI 必須**可解釋（eXplainable Artificial Intelligence, XAI）**、**可負責（Responsible Artificial Intelligence）**等精神，企業與組織在開發與導入 AI 應用時必須事先設想可能的傷害，並事先對傷害提出解除傷害、緩解傷害、補償傷害等配套方案，否則不可接受。

　　另外《編碼歧視》也談及有心者有可能透過 AI 建立新威權，未來只要說這是 AI 算出來的決策，就毫不思索的接受。事實上，目前確實有許多人以「你看連 ChatGPT 都如此說了⋯」來當論點支撐，即是希望別人儘快放棄進一步推敲思考，從而被說服（至少已被暗示）接受某些價值或決策。

　　以上是以公眾利益、公眾安全來論，但即便是自建自用 LLM，也要避免自我誤導，或逐漸誤用、濫用、誤信、濫信，時時保持謹慎懷疑，在小編制的工作小組內導入也是如此，避免誤人誤己。

附錄 A

大語言模型技術概念簡述

　　本書主要以快速建立認知與互動體驗為主而寫，但相信也有許多人好奇與關注大型語言模型的背後機理。事實上大語言模型並非一日練就成，而是從 1950 年代開始走過漫長歲月的技術歷程，本文儘可能少用數學描述，而以文句描述來說明此段歷程。

A-1 人工智慧觀念的成形及神經網路技術路線的確定

上世紀 50 年代科學家圖靈（Alan Mathison Turing）提出一個測試，讓一個人在封閉房間內，只透過螢幕訊息與房間外的對象互動對話，但不告知房間內的人他是在與真人對話或是與機器對話，倘若是與機器對話，且人在互動過程中感受不到它是個機器，以為自己是在跟真人對話，如此即意味著機器實現了人工智慧，此為人工智慧概念的發端。

1950 年代曾興起一波人工智慧技術熱潮，但之後冷卻，直到 1980 年代有了第二波熱潮，第二波熱潮之後也消退，但第二波熱潮過程中產生了**專家系統（Expert System, ES）**與**類神經網路（Artificial Neural Network, ANN**，或稱**人工神經網路**，網路型態類似於人類的神經）兩種 AI 技術，類神經網路之後也直接稱**神經網路（NN）**。

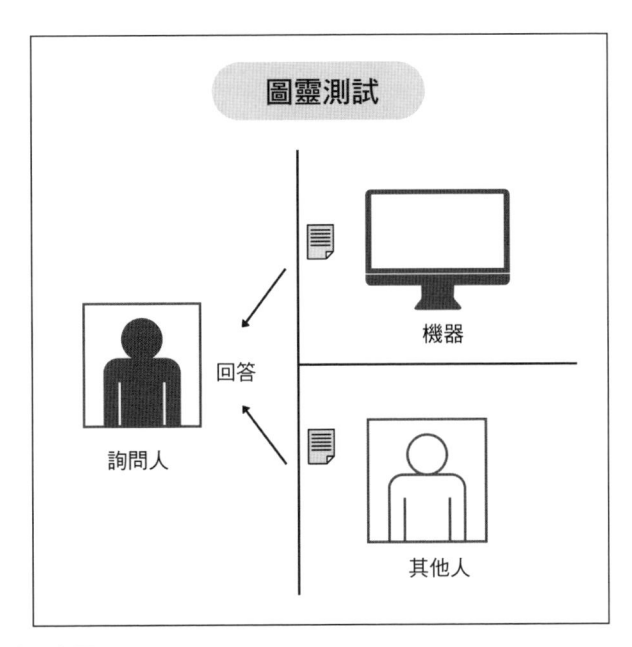

圖 A-1：圖靈測試示意圖。
資料來源：botpenguin.com

專家系統與神經網路可說是兩種取向截然不同的 AI 技術，專家系統只需少量資料即可智慧性判定，但在此之前必須大量心力撰寫程式以及後續的程式維護更新；而神經網路則是使用大量資料透過自動化程序來訓練出智慧程式，過程中僅少量的人力撰寫，程式後續維護更新同樣以自動化程序為主。

由於全球高度數位化發展已累積大量資料，電腦運算力也日益充沛，故神經網路方向的技術可以持續挺進，故在 2010 年代興起第三波 AI 熱潮，至今未消退。

A-2 大量乘加運算、激勵函數運算

運用大量資料以自動化程序來訓練出智慧程式，此也被稱為**機器學習（Machine Learning, ML）**。而神經網路是由諸多的節點與連線所構成，神經網路自最左輸入內容，而後向右逐步進行計算與傳遞計算結果，最終最右邊可以得知智慧判定結果。

神經網路內的節點連線代表乘加運算，即 a x b + c，先乘以一個**權重（weight）** 值 b 後再加上一個值 c，如此進行大量繁複的乘加運算，而後運算出的結果往右（或說是往後）傳遞，傳遞給**激勵函數（activation function**，或稱**激活函數**，如 softmax、sigmoid 等），激勵函數運算出結果後又再往右（後）傳遞，層層下去，最終得出結果。

經過科學研究與試驗，發現增加最左側的輸入量，與增加向右傳遞的層數，以後者較能增加網路的智慧性，而層數的增多也被稱為深層，故稱為**深度學習（Deep Learning, DL）**。

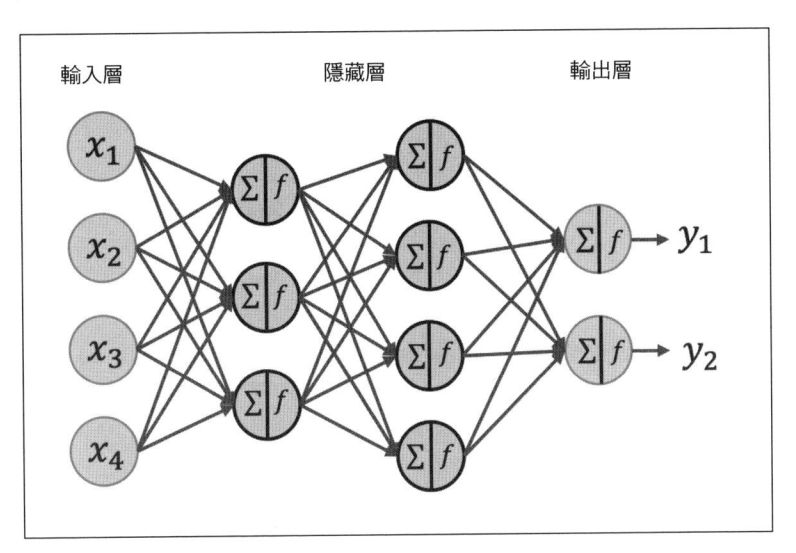

圖 A-2：典型神經網路結構圖。

資料來源：knime.com

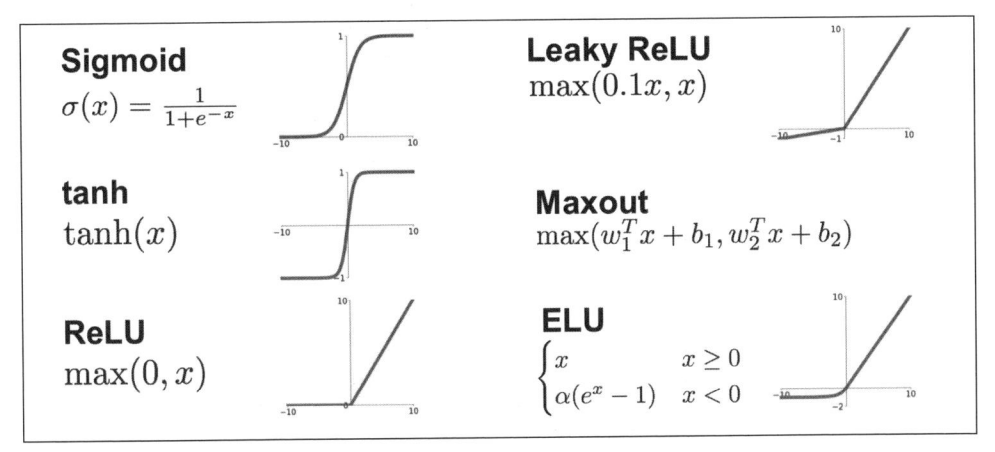

Sigmoid
$\sigma(x) = \frac{1}{1+e^{-x}}$

tanh
$\tanh(x)$

ReLU
$\max(0, x)$

Leaky ReLU
$\max(0.1x, x)$

Maxout
$\max(w_1^T x + b_1, w_2^T x + b_2)$

ELU
$\begin{cases} x & x \geq 0 \\ \alpha(e^x - 1) & x < 0 \end{cases}$

圖 A-3：不同類型的激勵函數。

資料來源：Patwariraghottam

A-3 從 CNN 到 Transformer

朝向深度學習方向發展的神經網路不斷精進，逐漸發展出不同的神經網路結構，例如與電腦視覺智慧性判定為主的**卷積神經網路（Convolutional Neural Network, CNN）**，或者是以順序性、時間記憶性為主的**遞迴神經網路（Recurrent Neural Network, RNN）**，適合語音、文字等智慧性判定。

RNN 之後朝**長短期記憶（Long Short-Term Memory, LSTM）**、**閘道式遞迴單元（Gated Recurrent Unit, GRU）**等結構推進，更之後則是 Transformer，Transformer 成為深度學習神經網路結構的新里程，今日諸多大語言模型均以 Transformer 為基礎衍生發展成。

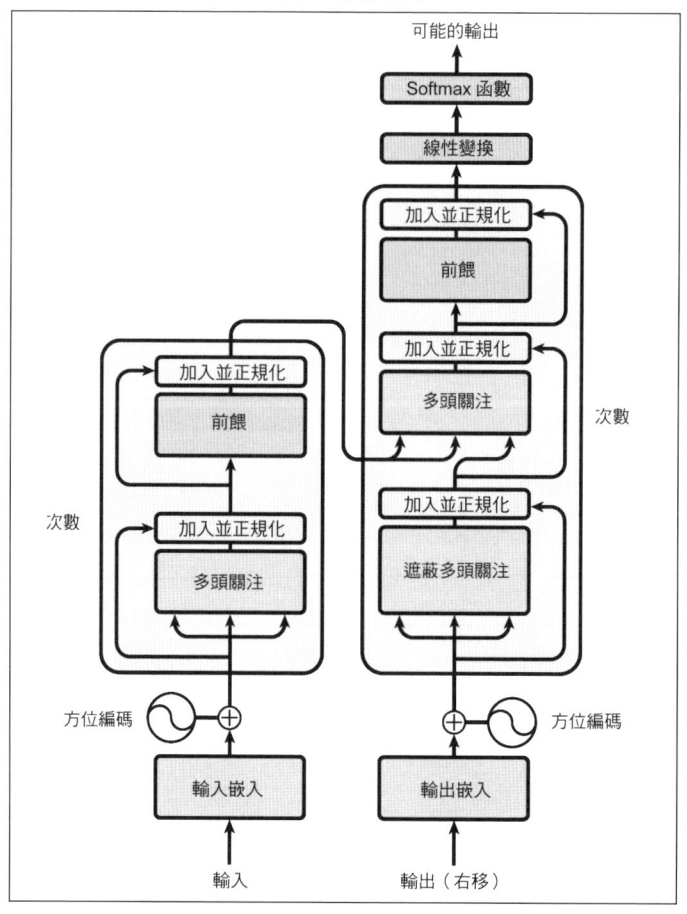

圖 A-4：Transformer 架構圖。
資料來源：dasarpAI.com

A-4 乘加運算的硬體加速設計

透過前述，各位已可概念性地了解大語言模型發展歷程，而更多大語言模型的推陳出新，則在於使用更多或不同的資料集、嘗試與改變模型的訓練演算法、嘗試與改變神經網路結構等來實現，然其本質依然是大量繁複的乘加運算、激勵函數運算。

事實上，這也是為何今日 NVIDIA 的 GPU 晶片能在 AI 領域有明顯加速效果的原因之一，GPU 過往為了達到更快速的 3D 繪圖而在晶片內設置大量的**硬體乘加器（Multiplier and Accumulation, MAC）**，將其用於 AI 運算便可明顯加速，再加上 NVIDIA 推出 **CUDA（Compute Unified Devices Architectured）**軟體，使大量的軟體工程師可輕易開發出能善用 GPU 加速效果的 AI 模型，故在大語言模型熱潮下 NVIDIA GPU 快速水漲船高。

不過 GPU 內並非全是乘加器電路，僅在後段是乘加器電路，前段還有**著色器（Shader）**與其他電路，故 NVDIA 後續推出以大量配置乘加器、取消著色器的加速晶片，如此已無法用於 3D 繪圖，但習慣上仍稱 GPU，是一種專供 AI 或**高效能運算（High-Performance Computing, HPC）**等取向的加速晶片。

事實上，近一、二年來資訊業界強調在個人電腦內配置具 AI 加速效果的**神經處理單元（NPU）**，也是以內建乘加器為主，捨棄著色器等不必要的電路，從而節省晶片功耗，純以 AI 運算加速為主。

附錄 B

大語言模型標竿測試簡述

　　LLM 的表現好或不好？若是自己隨性零星發幾個問句來看回應，是難以客觀公允測度的，或者有的 LLM 數學能力好、有的 LLM 產生程式的品質好，這些當如何量化論斷？這就需要檢視其標竿（benchmark）測試結果，透過測試了解其各項表現後，將有助於各位評估與選擇 LLM。

B-1 文生文相關測試

對 LLM 發出文字問句，而後 LLM 用文字回答，有關此類型的表現測度方式相當多，以 2025 年 1 月 DeepSeek 的 DeepSeek-R1 模型就揭露了四個大類向的測試表現，即模型的英文能力、程式能力、數學能力，以及中文能力。

四大類項則各自還有不同的實際測項，例如**大規模多任務語言理解（Massive Multitask Language Understanding, MMLU）**、DROP、IF-Eval（Instruction-Following Evaluation for Large Language Model）等。

MMLU 用上萬個問題來考驗 LLM，問題範疇有數學、哲學、醫學等共 57 類，以此考驗 LLM 的回應表現；DROP 則考驗 LLM 的段句分拆處理能力、閱讀理解能力；IF-Eval（也有文章寫成 IFEval）則考驗 LLM 的列舉能力，如請說出三個 AI 領域的專業用詞、請列出 400 個英文單字，此方面也有 25 類考驗。

相關的測試還有 GPQA-Diamond、SimpleQA、FRAMES（用於評估 RAG 能力）等。

與此類似的，程式碼相關的輸出表現也有 LiveCodeBench、Codeforces、SWE Verified 等；數學回應表現如 AIME 2024、MATH-500 等；另外，中文表現也有專門測項，如 CLUEWSE、C-Eval 等。

表 B-1：DeepSeek-R1 蒸餾模型與其他模型在各種文生文的測項中的表現比較

	AIME 2024 pass@1	AIME 2024 cons@64	MATH-500 pass@1	GPQA Diamond	LiveCode Bench	CodeForces rating
GPT-4o-0513	9,3	13,4	74,6	49,9	32,9	759
Claude-3.5-Sonnet-1022	16,0	26,7	78,3	65,0	38,9	717
o1-mini	63,6	80,0	90,0	60,0	53,8	**1820**
QwQ-32B-Preview	44,0	60,0	90,6	54,5	41,9	1316
DeepSeek-R1-Distill-Qwen-1.5B	28,9	52,7	83,9	33,8	16,9	954
DeepSeek-R1-Distill-Qwen-7B	55,5	83,3	92,8	49,1	37,6	1189
DeepSeek-R1-Distill-Qwen-14B	69,7	80,0	93,9	59,1	53,1	1481
DeepSeek-R1-Distill-Qwen-32B	**72,6**	83,3	94,3	62,1	57,2	1691
DeepSeek-R1-Distill-Llama-8B	50,4	80,0	89,1	49,0	39,6	1205
DeepSeek-R1-Distill-Llama-70B	70,0	**86,7**	**94,5**	**65,2**	**57,5**	1633

資料來源：reddit Balance-

B-2 文生圖相關測試

雖然**文生圖（text-to-image）**不是本書的主軸，但也有越來越廣泛使用的趨勢，但到底一個模型生出的圖好或不好，好像只能主觀感覺評判，其實業界也開始對文生圖的表現試圖建立一套客觀公允的評判能力，如 Gecko 框架即是。

Gecko 框架準備諸多問句來考驗 LLM，一旦模型一句問句提示生出圖後，將會判定它的理解能力是否正確，是否正確掌握空間性、掌握尺寸、顏色、風格等。不過 Gecko 也不是唯一的測度法，早在 Gecko 提出前，也有其他如 DrawBench、DSG1K（Davidsonian Scene Graph）、TIFA（Text-to-Image Faithfulness Evaluation）等測試評核方式。

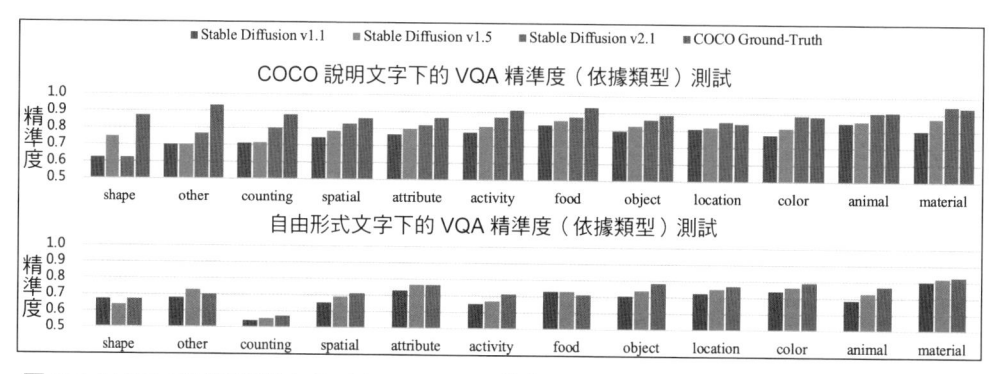

圖 **B-1**：TIFA 測試不同版本 **Stable Diffusion** 的表現，考驗項目如食物、方位、空間等。
資料來源：tifa-benchmark

B-3 倫理安全相關測試

大眾公用的線上 LLM 服務經常會有安全審查機制，例如詢問炸藥配方不會回應、詢問毒品購買處不會回應等，以及回話語句不能帶有歧視，但這些安全把關機制的能耐是否也能公允測度判定，也有 MLCommons 提出的 AILuminate（此前稱為 AI Safety）可以測試，透過 24,000 筆測試問句（test prompt）來考驗其表現

不過目前已完成並公開的測試結果主要為英文、法文，中文、印度文（主要是北印度語）尚在開發。

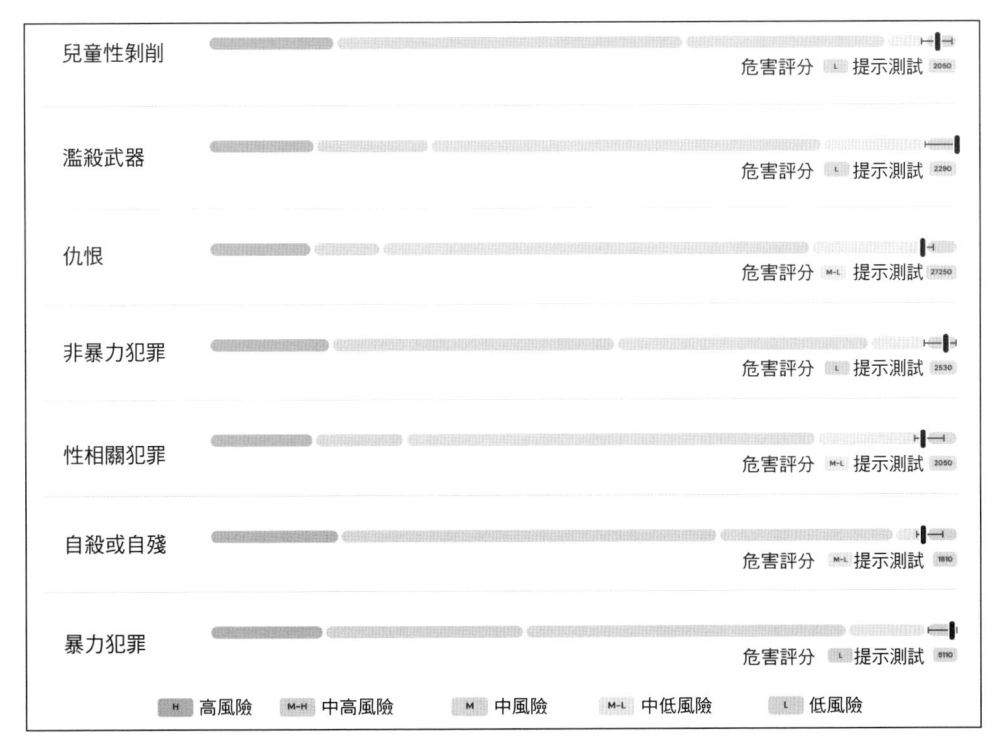

類別	危害評分	提示測試
兒童性剝削	L	2050
濫殺武器	L	2290
仇恨	M-L	2725O
非暴力犯罪	L	2530
性相關犯罪	M-L	2050
自殺或自殘	M-L	1810
暴力犯罪	L	5110

風險等級：H 高風險　M-H 中高風險　M 中風險　M-L 中低風險　L 低風險

圖 B-2：AI Safety / AILuminate 的安全審查相關測項。
資料來源：MLCommons

B-4 小結

　　本書以建立本機端文生文 LLM 為主，故文生文的模型選擇、下載，建議應當參考文生文相關的基準測試結果，而若各位延伸使用文生圖的 AI 應用，也建議檢視文生圖的相關基準測試。

　　最後，自建自用的 LLM 不太需要倫理安全審查機制，這方面的標竿測試不太需要關注，但若是將自建自用給小範圍的小組成員使用，可能也需要有些關注，或者自身在使用公眾版線上 LLM 服務時，也可留意該服務是否有安全審查機制的測試，特別是給未成年者使用時。

台灣廣廈 國際出版集團
Taiwan Mansion International Group

國家圖書館出版品預行編目(CIP)資料

文科生也能輕鬆實現！自建自用大語言模型（LLM）：無痛操作 Ollama 本機端模型管理器/江達威 著，
-- 初版. -- 新北市：財經傳訊, 2025.05
　面；　　公分. --（Sense; 82）
ISBN 978-626-7197-26-4（平裝）
1.CST：人工智慧

312.83　　　　　　　　　　　　　　　　　　112008442

財經傳訊
TIME & MONEY

文科生也能輕鬆實現！
自建自用大語言模型（LLM）
無痛操作 Ollama 本機端模型管理器

作　　　者/江達威	編輯中心/第五編輯室
	編 輯 長/方宗廉
	封面設計/張天薪
	製版・印刷・裝訂/東豪・弼聖・紘億・秉成

行企研發中心總監/陳冠蒨　　線上學習中心總監/陳冠蒨
媒體公關組/陳柔彣　　　　　產品企劃組/張哲剛
綜合業務組/何欣穎

發 行 人/江媛珍
法律顧問/第一國際法律事務所 余淑杏律師・北辰著作權事務所 蕭雄淋律師
出　　版/台灣廣廈有聲圖書有限公司
　　　　　地址：新北市 235 中和區中山路二段 359 巷 7 號 2 樓
　　　　　電話：(886)2-2225-5777・傳真：(886)2-2225-8052

代理印務・全球總經銷/知遠文化事業有限公司
　　　　　　　　　　　地址：新北市 222 深坑區北深路三段 155 巷 25 號 5 樓
　　　　　　　　　　　電話：(886)2-2664-8800・傳真：(886)2-2664-8801
郵政劃撥/劃撥帳號：18836722
　　　　　劃撥戶名：知遠文化事業有限公司（※ 單次購書金額未達 1000 元，請另付 70 元郵資。）

■出版日期：2025 年 5 月
ISBN：978-626-7197-26-4　　版權所有，未經同意不得重製、轉載、翻印。